"玩转科学"系列

留住"光"与"影"的美丽

——玩转成像技术

总主编　杨广军
副总主编　朱焯炜　章振华　张兴娟
胡　俊　黄晓春　徐永存
本册主编　吴梦涛　徐继芳

上海科学普及出版社

图书在版编目（CIP）数据

留住“光”与“影”的美丽 ：玩转成像技术/吴梦涛主编.—上海：
上海科学普及出版社，2011.4(2018.4 重印)
(玩转科学系列 / 杨广军主编)
ISBN 978-7-5427-4730-3

Ⅰ.①留…　Ⅱ.①吴…　Ⅲ.①成像系统-普及读物 Ⅳ.①TN919.8-49

中国版本图书馆 CIP 数据核字(2010)第 231626 号

组　　稿　胡名正　徐丽萍
责任编辑　徐丽萍　刘湘雯　张怡纳

“玩转科学”系列
留住“光”与“影”的美丽
——玩转成像技术
总主编　杨广军
副总主编　朱焯炜　章振华　张兴娟
胡　俊　黄晓春　徐永存
本册主编　吴梦涛　徐继芳
上海科学普及出版社出版发行
(上海中山北路 832 号　邮政编码 200070)
http://www.pspsh.com

各地新华书店经销　　北京一鑫印务有限责任公司印刷
开本 787×1092　1/16　印张 13　字数 200 000
2011 年 4 月第 1 版　　2018 年 4 月第 3 次印刷

ISBN 978-7-5427-4730-3　　定价：25.80 元

卷首语

在地球这个人类最美丽的家园里，在阳光的照耀下，各种植物、动物、微生物形形色色，五彩斑斓。我们渴望精细地描绘那美妙的倩影，我们渴望永久留存那动感的瞬间。我们可以吗？

在人类的眼前，各种奇妙的现象映入我们的眼帘，刻进我们的大脑；而在动物的世界里，又藏有许多观察和瞄准的高手。他们，还有它们，都是如何做到这一点的呢？

在科学的世界中，我们要远眺，我们要近看，我们要微测，我们要放大，我们要动感的留住过去的时间里所发生的一切美好，我们要极尽地想象未来的时空中能够发生的一切可能……我们又是怎样去实现这一切的呢？

来吧，要想知道这一切，就让我们一起，一起进入“光”与“影”的世界，一起玩转成像的技术吧……

目 录

光与影的奇幻世界——浅谈各种成像技术

走进影世界——基本成像原理

留住身边的精彩——常见的摄影技术

诱惑与激情——高科技影像技术

目　　录

开启生命之门——医学影像技术

光与影的奇幻世界

——浅谈各种成像技术

地球是生命最美丽的家园，她孕育着广袤的大地，辽阔的海洋，湛蓝的天空，五颜六色的植物，各种可爱的动物，还有更加奇妙和神秘的海洋生物。我们想要看到更多美丽而又奇幻的世界，那就需要我们的成像技术将这些美丽呈现出来，保存下来，流传下去……

所谓成像技术，就是将现实生活中的生物或实物通过技术手段变成图片或影片的一种技术。这种技术的产生和发展都与光息息相关。最常见的成像技术例如：摄影成像技术、红外线成像技术、超声波成像技术、全息成像技术、雷达成像技术……下面我们就一起进入到成像技术为我们带来的光与影的世界吧！

母亲之光
——姹紫嫣红的太阳光

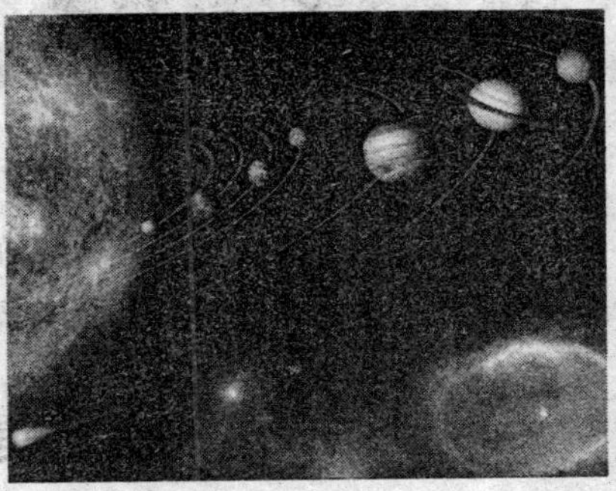

太阳是距离地球 1.5 亿千米的一颗恒星，也是距离地球最近的恒星，在地球上几乎所有的能量都是来源于太阳光芒。

太阳是无私的，她一刻不停地燃烧着自己的“质量”，利用核反应，不停地散发着光和热，地球上的生物在阳光的滋润下快乐地生存，茁壮地成长。

阳光赋予大地的不仅是光和热，还有更深的影响。气候的交替，生物的化学能，水的流动等等，可以说没有太阳就失去了万物之源。你是否想知道这生命之光中到底有哪些成分能发挥如此神奇的作用呢？下面我们就一起来探索太阳光的奥秘吧！

太阳的构造

太阳是浩瀚宇宙中一颗普通的恒星，太阳的寿命大约为 4.57×10^{9} 年，今天的太阳正是处于鼎盛的中年时期。太阳位于银道面之北的猎户座旋臂上，距离银河系中心约 26000 光年。在银道面以北约 26 光年，它一方面绕着银心以每秒 250 千米的速度旋转（周期大概是 2.5 亿年），另一方面又相对于周围恒星以每秒 19.7 千米的速度朝着织女星附近方向运动。太阳也在自转，其

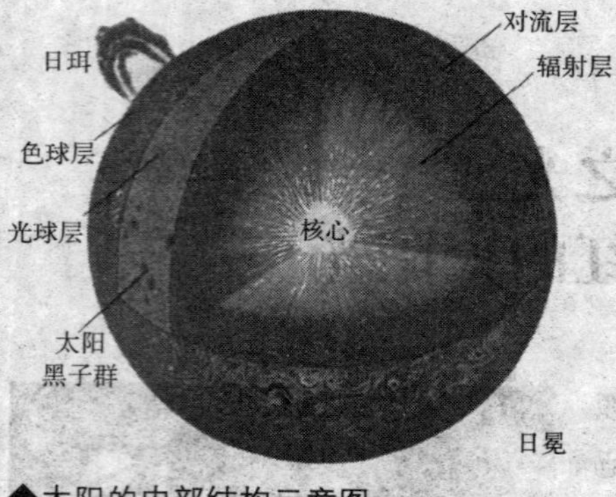

◆太阳的内部结构示意图

周期在日面赤道带约25天；两极区约为35天。

太阳的平均密度 1.409×10^9 kg/m³，质量为 1.989×10^{33} 克，表面温度5770℃，中心温度1500万℃。太阳从里到外是由核反应区、太阳辐射层、太阳对流层和太阳大气层构成。

太阳能量的99%是由中心的核反应区的热核反应产生的。其中心区不停地进行热核反应，所产生的能量以辐射方式向宇宙空间发射。其中二十二亿分之一的能量辐射到地球，成为地球上光和热的主要来源。

欣赏美丽的太阳光

◆海面上初升的太阳

◆百山祖日出

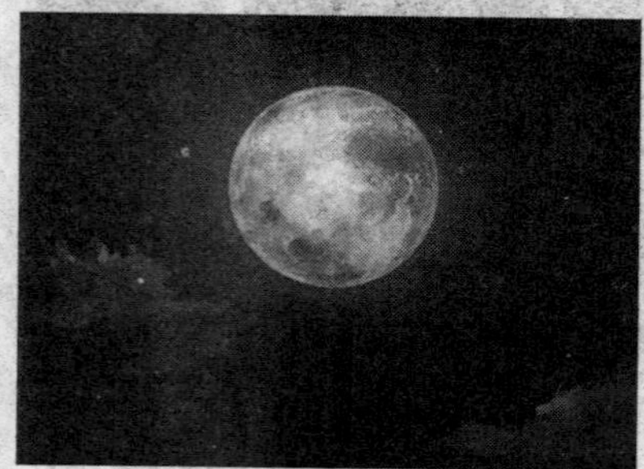
◆没有太阳，月光哪能如此皎洁

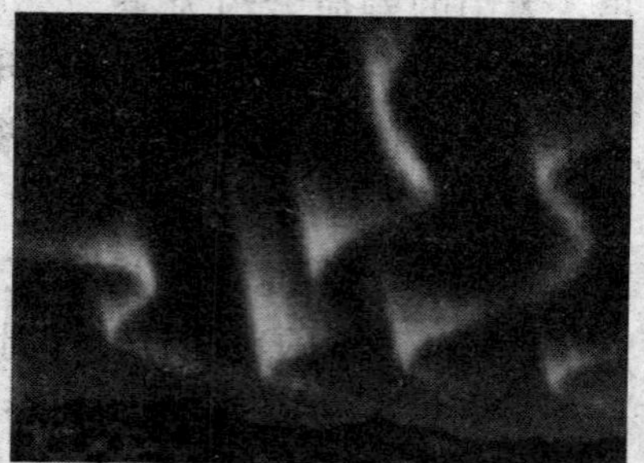
◆难得一见的极光，也是阳光的体现

◆美丽的晚霞，映红半边天

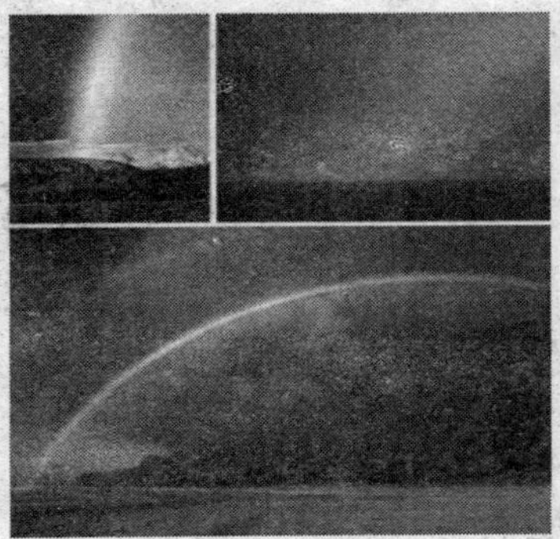

◆天空的彩虹，更增添了太阳光的美

拓展思考

1. 注意观察你身边的事物，哪些与阳光有关？阳光还对哪些方面有影响呢？

2. 希腊有太阳神，其他国家有没有太阳神呢？

（可以到网上去搜索一下“太阳神”找到答案）

太阳公公告诉我
——太阳的颜色

曾经有这样一个小故事：有一个小朋友问妈妈：“太阳是什么颜色的？”妈妈说：“我也不太清楚。”

这个小朋友放学后就去问苹果哥哥：“苹果哥哥，你能告诉我太阳光是什么颜色的吗？”

苹果哥哥说：“你眼睛不会看吗？我身上是红色的，太阳光肯定就是红色啦！”

小朋友说：“哦！我知道了，太阳光是红色的。”

他又去问橘子哥哥：“橘子哥哥，你能告诉我太阳光是什么颜色的吗？”

橘子哥哥说：“你不会看吗？我身上是桔色的，太阳光当然是桔色的啦！”

他又去问大海：“大海，你能告诉我太阳光是什么颜色的吗？”大海说：“你不会看看我，我的颜色不是蓝色的吗？那太阳光肯定是蓝色的啦！”

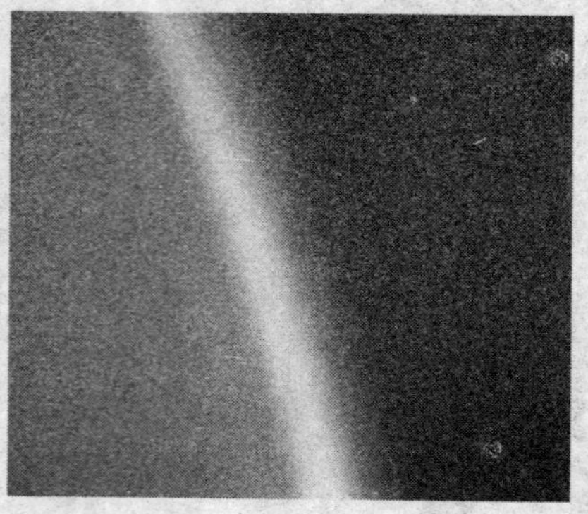

◆彩虹

后来小朋友又去问草地：“草地，你能告诉我太阳光是什么颜色的吗？”

草地说：“那你看看我啊，我身上是绿色的，那太阳光就是绿色的啦！”

小朋友想：“他们说的答案都不相同，我干脆直接去问太阳公公好了。”

于是，这个小朋友就问太阳公公：“太阳公公，你能不能告诉我你是什么颜色的？”

太阳公公哈哈大笑："其实啊，我有七种颜色，它们分别是：红，橙，黄，绿，蓝，靛，紫。这些都是可见光。你见过吗？"

小朋友说："有见过啊，雨过天晴的时候，天上的彩虹就有这七种颜色。你还有没有其他的光呢？"

太阳公公告诉他："我还有叫红外线和紫外线的光，那是不可见光。紫外线是可以杀菌的，比如说家里的被子之类，在晾晒时，紫外线就可以帮助杀菌消毒的。但是一般在上午10点到下午4点之间，你要是出门的话，就最好带上太阳伞，抹点防晒霜，要不然啊，你的皮肤可是会晒伤的。那是因为这个时间段的紫外线比较强哦。"

太阳的颜色

其实我们看到的太阳光只是太阳光中的可见光部分。可见光包括红、橙、黄、绿、蓝、靛、紫七种颜色，当这七种颜色复合在一起时，就产生了白光的效果。物体所呈现出的色彩是因为物体反射了可见光中的某种或某几种光，才使我们感知到这个物体是什么颜色的。例如：红色苹果哥哥，它可以反射阳光中的红光，红光进入到我们的眼睛中，我们就知道苹果是红色的了。

◆苹果

看不到的光

而我们看不到的还有：红外线和紫外线。太阳辐射的电磁波在通过空间和臭氧层时，波长290纳米以下和3000纳米以上的射线几乎都被滤除，实际到达地面的为290纳米～3000纳米的电磁波，其中波长范围为400～800纳米的是可见光，波长为800～3000纳米的是红外线，而波长为290～400纳米的是紫外线。

红外线虽然看不见，但却感受得到，我们感到阳光的温暖和炽热很大程度上都是由于红外线的存在。自然界中有许多动物都可以依靠感知红外线来感知世界，我们利用这个原理可以进行红外线成像，它的好处是在黑夜依然可以看清周围的环境，这可是非常神奇的。

可见光集中了太阳光线中绝大部分的能量，人们最早感知可见光，所以研究得也是最早、最深的。从小孔成像到平面镜成像、球面镜成像、透镜成像，以致最后研制出了照相机和摄像机，不仅记录下图片，甚至可以将过程动态地展现在人们的眼前。摄影技术的产生和发展对推动人类的进步有着不可磨灭的功劳。

紫外线在成像方面也有着非常重要的影响，它有荧光效应，我们的等离子体彩电就要用到紫外线成像。

名人介绍——伟大的太阳神阿波罗

太阳神阿波罗是天神宙斯和女神勒托（Leto）所生之子。神后赫拉（Hera）由于妒忌宙斯和勒托的相爱，残酷地迫害勒托，致使她四处流浪。后来总算有一个浮岛德罗斯收留了勒托，她在岛上艰难地生下了日神和月神。于是赫拉就派巨蟒皮托前去杀害勒托母子，但没有成功。

后来，勒托母子交了好运，赫拉不再与他们为敌，他们又回到众神行列之中。阿波罗为替母报仇，就用他那百发百中的神箭射死了给人类带来无限灾难的巨蟒皮托，为民除了害。阿波罗在杀死巨蟒后，十分得意，在遇见小爱神厄洛斯（Eros）时讥讽他的小箭没有威力，于是厄洛斯就用一支燃着恋爱火焰的箭射中了阿波罗，而用一支能驱散爱情火花的箭射中了仙女达佛涅（Daphne），要令他们痛苦。达佛涅为了摆脱阿波罗的追求，就让父亲把自己变成了月桂树，不料阿波罗仍对她痴情不已，这令达佛涅十分感动。而从那以后，阿波罗就把月桂作为饰物，桂冠成了胜利与荣誉的象征。每天黎明，太阳神阿波罗都会登上太阳金车，拉着缰绳，高举神鞭，巡视大地，给人类送来光明和温暖。所以，人们把太阳看作是光明和生命的象征。

七色的可见光
——红、橙、黄、绿、蓝、靛、紫

号称母亲之光的太阳，给予了大地光明和力量。白天太阳光为我们把世界点亮，我们能够看到蓝天、白云、大海、房屋……晚上月亮依靠反射太阳光也能为黑夜中前行的人们照亮脚下的路。太阳光是复色光，可见光部分是由红、橙、黄、绿、蓝、靛、紫七种颜色的光复合而成的，下面我们就去看看这七色光的由来吧。

◆七色的彩虹

七色光的由来

从远古时期人们就知道万物有着各种各样的颜色，可是这些颜色都是如何产生的呢？人们不得而知。后来古希腊的哲学家亚里士多德认为：颜色不是物体客观的性质，而是人们主观的感觉，一切颜色的形成都是光明与黑暗、白与黑按比例混合的结果。这样的观点引发了人们对色彩的思考，很多科学家都加入其中。在1663年，玻意尔也研究了颜色的问题，他认为物体的颜色是由于在被照射物体的表面发生了变异所引起的。物体能反射所有光线就呈白色，完全吸收光线就呈黑色。

◆可见光光谱——属于连续谱

直至1666年，艾萨克·牛顿最先利用三棱镜观察到了光的色散现象，揭示了白光是由红、橙、黄、绿、蓝、靛、紫七种颜色的光复合而成。从此人们开始对颜色有了进一步的认识。之后不久，人们还专门为颜色开辟了一个科学分支叫色度学。

在色度学的研究中，人们发现光的颜色是由光的频率来决定的，红光的频率最低，紫光的频率最高，在这之间，随着频率连续的变化，颜色也从红色逐渐变化到紫色。由于是连续变化的，所以就会有无限多个频率，因此自然界也就有无穷多种色彩。正是这无穷无尽的色彩才使得我们的世界如此绚丽璀璨。

光的色散

◆三棱镜的色散现象

在自然界中，复色光极其常见，不仅太阳光是复色光，就连白炽灯光和日光灯光都是复色光。它们的光线照到物体上时，一部分会被物体反射回来，另一部分被物体吸收，如果物体是透明的，那么还有绝大部分的光会透过物体。

这些光在反射和透射过程中要满足一定规律，那就是反射定律和折射定律。

在生活中，有很多棱镜，它们是用玻璃制成的透明的物体。截面有着规则的几何形状。牛顿用到的三棱镜就是截面是一个三角形的透明玻璃体。

当白光进入到三棱镜时，由于棱镜对不同色光的折射率不同，就会将不同色光分开，然后投到光屏上，就可以得到一条七彩的色带了，这就是所谓的光的色散现象。

小知识——反射定律

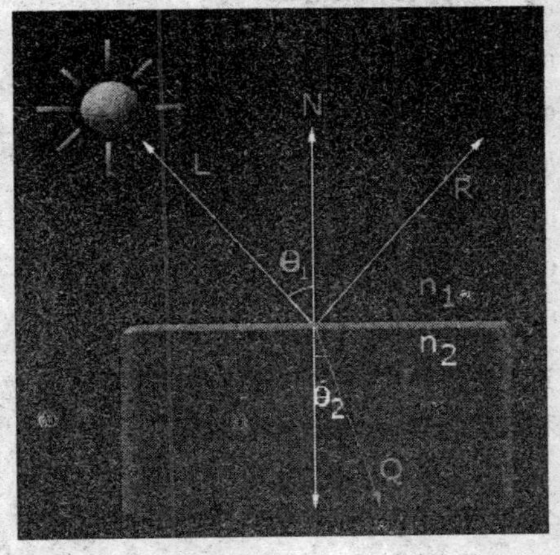

光在均匀介质中是沿直线传播的。

反射光线与入射光线、法线在同一平面内；反射光线和入射光线分居在法线的两侧；反射角等于入射角。

光的折射定律（斯涅尔定律）：光入射到不同介质的界面上会发生反射和折射。其中入射光和折射光位于同一个平面上，并且与界面法线的夹角满足如下关系：

$$n_1\sin\theta_1=n_2\sin\theta_2$$

其中，n_1 和 n_2 分别是两个介质的折射率，θ_1 和 θ_2 分别是入射光或折射光与界面法线的夹角，又称入射角和折射角。

以上公式又称：斯涅尔公式。

三基色光——红、绿、蓝

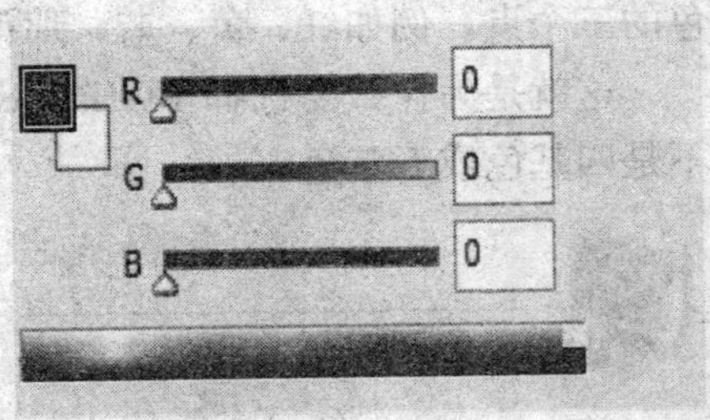

生活中我们经常听人说起三基色，到底什么是三基色呢？经常处理图片的人都知道 RGB 的显示模式，R—红色、G—绿色、B—蓝色。

例如：纯红色 R 值为 255，G 值为 0，B 值为 0；灰色的 R、G、B 三个值相等（除了 0 和 255）；白色的 R、G、B 都为 255；黑色的 R、G、B 都为 0。RGB 图像只使用三种颜色，就可以使它们按照不同的比例混合，在屏幕上重现 16777216 种颜色。

像现在电脑的显示器、电视机都用到了 RGB 的显示模式，电子枪打在屏幕的红、绿、蓝三色的发光极上，就产生了彩色的效果。电脑的 32 位

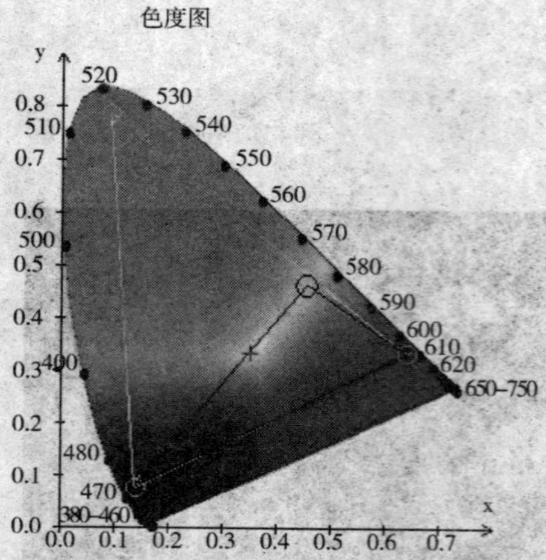

选取三点，组成一个三角形，三角形面积越大，混合而成色光数越多

RGB颜色经过组合可达到一百万种以上。

人们随着科技的发展发现了人眼的一个生理特征：当有两个（或几个）色光同时进入人眼时，人眼感觉到一种新的色光效果！于是就有了初中物理书上的三基色加法效果图。

但是，为什么用这三个基色？其他基色可以吗？回答是：可以！看我画的两个三基色加法图：上图是红、绿、蓝为三基色，下图是品、黄、青为三基色。我们发现结果是一样的，都可以叠加得到同样的颜色。那为什么不用品、黄、青为三基色呢？

我们来看一下色度图，色度图是将自然界中所有的可见光都放到一个坐标系中去，得到的色度图是一个牛舌状的图形。

我们在这个牛舌状的图上选取三个点，可以围成一个三角形，这个三角形内的光线我们可以用刚才的三个点混合而成。从图上我们看出，选择红、绿、蓝三个点时得到的三角形面积最大，色彩最多。如果换成其他基色的三个点，例如红、黄、蓝，那得到的颜色要比刚才少得多了。

这就是为什么要选择RGB模式，也解释了为什么要选择三基色，而不是四基色或五基色。

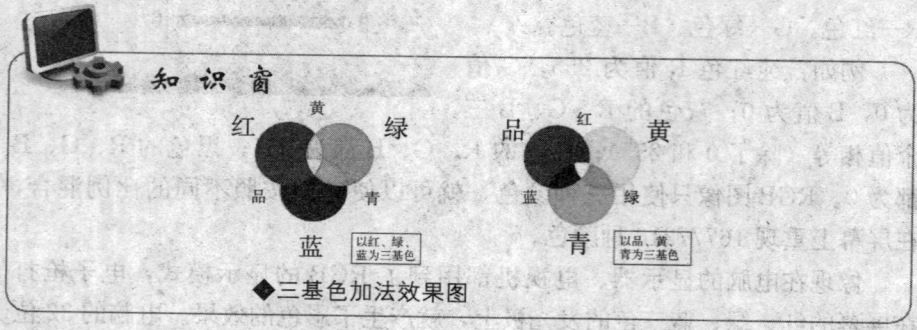

知识窗

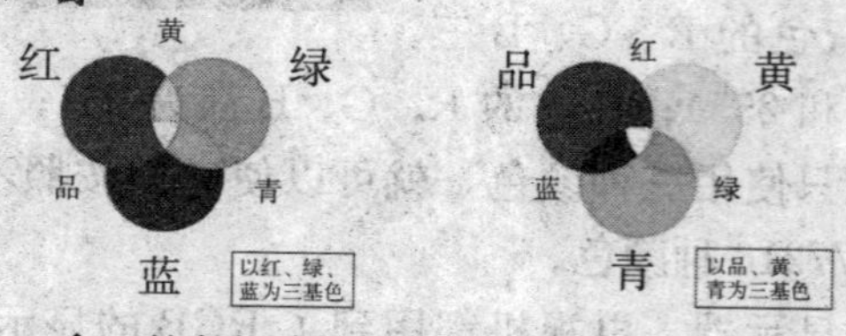

◆三基色加法效果图

动动手——七色光的叠加

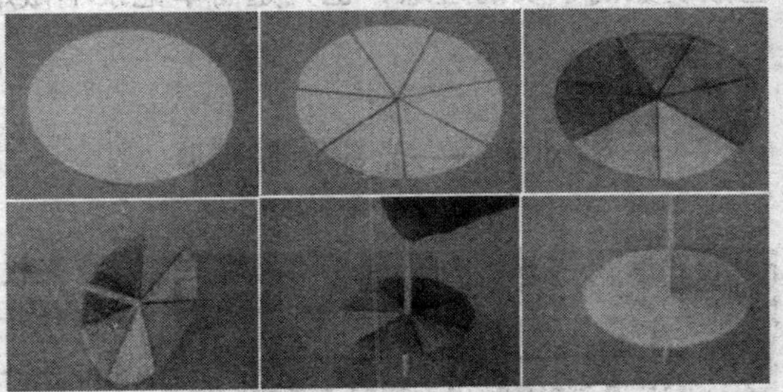

实验一：

1. 你可以用一张硬纸板剪下一个直径为8厘米的圆形。

2. 用铅笔把圆纸板分成七等分。

3. 用彩色铅笔在圆纸板上七等分中分别涂上红、橙、黄、绿、蓝、靛、紫七种颜色。

4. 把笔芯从圆心穿过。

5. 将笔尖对着地面快速旋转。

6. 圆盘转动起来，原来是彩色的纸板看起来成了灰白色。

中国古代对色散现象的认识

中国古代对色散现象的认识来源于对虹的认识。

战国时期《楚辞》中有把虹的颜色分为“五色”的记录。东汉蔡邕（132～192年）在《月令章句》中对虹的形成条件和所在方位作了描述。唐初孔颖达（574～648年）在《礼记注疏》中粗略地揭示出虹的光学成因：“若云薄漏日，日照雨滴则生虹”，说明虹是太阳光照射雨滴所产生的一种自然现象。公元8世纪中叶，张志和（744～773年）在《玄真子·涛之灵》中第一次用实验方法研究了虹，而且是第一次有意识地进行的白光色散实验：“背日喷呼水成虹霓之状，而不可直也，齐乎影也”。唐代以后，不断有人重复类似的实验，如南宋朝蔡卞进行了一个模拟“日照雨滴”的实验，把虹和日月晕现象联系起来，有意说明虹的产生是一种色散过程，并指出了虹和阳光位置之间的关系。南宋程大昌（1123～1195年）在《演繁露》中记述了露滴分光的现象，并指出，日光通过一个液滴也能化为多种颜色，实际是色散，而这种颜色不是水珠本身所具有，而是日光的颜色所致，这就明确指出了日光中包含有数种颜色，经过水珠的作用而显现出来，可以说，他已接触到色散的本质了。

但是中国的古人们大多停留在对现象的描述和记录上，即使触及到了色散现象的本质的边缘，也只是简单记录不做定量的实验分析。

动动手——光的色散实验

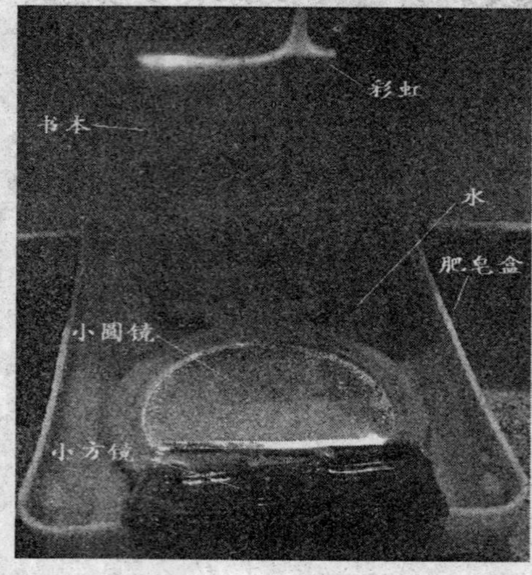

先找一个塑料盒或者是盆，和两面小镜子，将其中一面小镜子放入水底，另一面小镜子斜插在水中，构成一个水三棱镜，在阳光下调节小镜子的角度，就可以得到一条美丽的彩虹！

或者用一个小喷壶在阳光下喷水，也可以看到美丽的彩虹。

必不可少的——无线电波

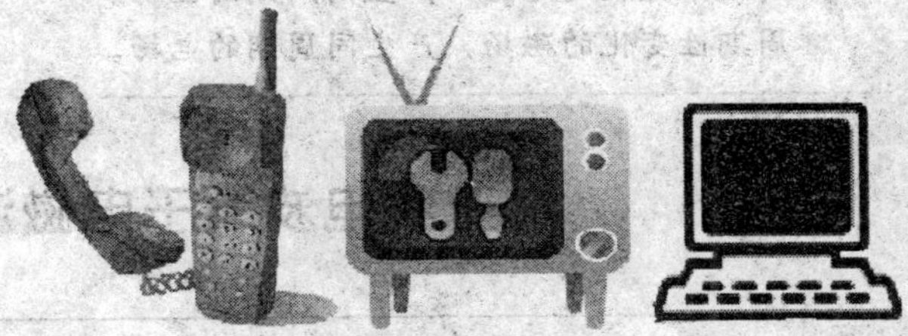

在当今的生活中，人们已经越来越离不开电话、手机、电视、电脑、网络等现代化的通信设备。正是有了它们，人与人之间的交流更加方便、快捷。世界变得更小了，自然界离我们更近了，知识了解得更广了，眼界放得更宽了，而这些设备都需要无线电波来传递信息。因此生活中我们已经离不开无线电波。

无线电波是什么波？长什么样，和水波、声波一样吗？无线电波是怎样传递信号的？它跟我们的成像技术之间又有什么样的联系呢？让我们赶快追溯历史的脚步，来看看无线电波是如何被发现的吧！

麦克斯韦预言了电磁波

麦克斯韦被誉为近代经典物理学中最伟大的科学家。他年轻时就开始研究法拉第的著作，并在此基础之上提出了两大预言。这两大预言成为了整个电磁学的基础，并由此推导出了电磁波的存在，并且预言了电磁波的波速等于光速。最终他的预言得到了事实的验证。

由于周期性变化的电场可以产生同周期的磁场，而这个磁场再激发出同周期的电场，再激发出同周期的磁场，再激发出同周期的电场……由此下去，电场与磁场相互激发，由近及远地传播开来就是电磁波。

知识角

麦克斯韦的预言

变化的电场，产生磁场。

变化的磁场，产生电场。

推论：均匀变化的电场，产生稳定的磁场。

均匀变化的磁场，产生稳定的电场。

周期性变化的电场，产生同周期的磁场。

周期性变化的磁场，产生同周期的电场。

无线电波属于电磁波

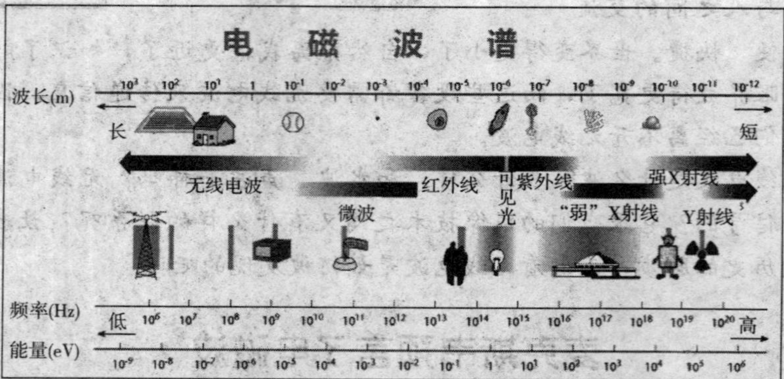

神秘的电磁波，看不见，摸不着，但作用却是非常大。科学家们把电磁波按波长和频率的关系排列起来，成为电磁波谱。波长从大到小有：无线电波、红外线、可见光、紫外线、X射线和γ射线。所以，无线电波实质上属于电磁波的范畴。

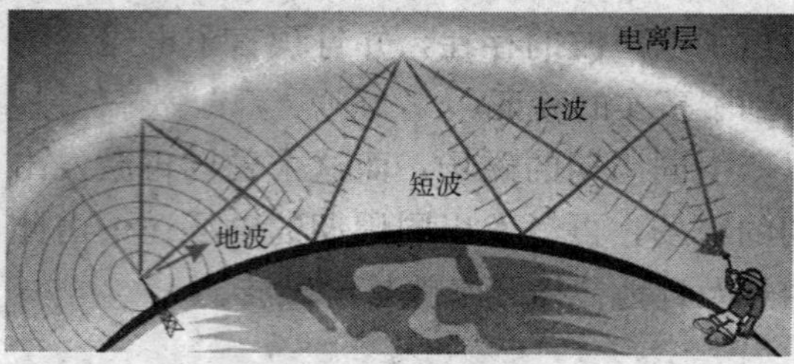

◆无线电波的传播方式

电磁波的波长与频率成反比，所以，波长越长，频率越低，反之波长越短，频率越高。而波的波长越长，其衍射能力越强，即越过障碍物的本领越大。同时电磁波还可以在真空中传播。所以无线电波作为波长最长的电磁波，当然主要用于通信，远距离传输信号了。

◆俄罗斯海军667A型（Y级）战略导弹核潜艇

用于通信的无线电波根据波长和频率，可分为超长波、长波、中波、短波、超短波、微波等波段（也称频段）。各个波段的无线电波组成了一个无线电波家族，它们为人类通信作出了各自的贡献。

超长波：一般无线电波在空中可以远走千里，到了水下却寸步难行。实验表明，无线电波在海水中的衰减是很大的，而且频率越高衰减就越大。由此可见，海底通信用的无线电波频率越低越好，也就说波长越长越好。超长波，也称超低频，频率范围是30～300赫兹，它是无线电波中波长很长的一种电磁波，特别适用于水下通信。活动于海面下的潜水艇，选用的通信频率就为55赫兹左右。但超长波的发射天线极其复杂庞大，而且由于频率太低，超长波的容量极为有限。核爆炸时会产生出超长波，所以用超长波能够测出在何处进行了核爆炸试验。

◆通信基站

长波：老资格的信息载体。长波是低频无线电波，是人们最早使用的通信波段，它已为人类服务了近100年。近年来，由于其他波段的通信方法日益成熟，长波通信逐渐被淘汰。然而，许多国家仍然保留着长波通信，因为任何通信系统都有可能出故障或受到意想不到的干扰，只有多样化的通信网，才能保证无论在平时还是在战时信息传输畅通无阻。

现在许多国家还设有长波导航台，导航台的任务是在各种复杂的条件下，引导舰船和飞机按预定线路航行。著名的长波导航系统——罗兰导航系统，工作频率为90～110千赫，现在仍在广泛地使用。

长波通信的另一个重要应用是报时，我国也设有长波报时台。

中波：大众媒介的信息渠道。中波的频率范围在300～3000千赫，这是人们熟悉的波段。国际电信联盟规定526.5～1605.2千赫专供无线电广播用，我们平时就是在这个波段收听中央人民广播电台和本地广播电台的节目。

从理论上说，不同的电台使用的广播频率至少应相隔20千赫。全世界有极其众多的中波广播电台，我国每个省及大、中城市都有中波广播电台，有的城市还有多个中波广播电台，所以中波波段似乎远远不能满足需要。好在白天中波沿地面只能传输几百千米，再远就收不到了，所以不同城市的中波广播电台即使频率重复也可相安无事。然而在夜里，中波却可以传得较远，所以在夜间收听中波广播，时常会出现串台现象。

中波波段中的高频端（2000～3000千赫）专供近距离无线电话使用。

短波：欢跳着奔向远方。约在地面50千米上空，有一电离层，它是太阳辐射的产物。这一高度的大气层，由于其中的气体分子受到太阳辐射出来的紫外线照射后，产生了大量自由电子和离子，这个过程称为“电离”，故有“电离层”之称。

◆无线电视通讯

电离层对中波或长波十分“热情”，“来者不拒”，请它们统统留下，而对短波却毫不客气，将它“拒之门外”，于是短波被反射回地面。短波被反射回地面后，又被地面反射回空中。这样，短波就在地面与电离层之间来回跳跃，沿着地球弯曲的表面，把信息传到遥远的地方。短波广播能远距离传送就是这个道理。

短波通信的特点是设备简单，灵

活机动，发射功率无需很大，却能传到很远的地方。它的主要不足之处在于通信不够稳定，原因是电离层经常变化，还有太阳黑子、磁暴等的干扰。

◆微波与太空通讯卫星示意图

超短波：电视的信使。超短波波长在1米至10米，故又称为米波，由于频率较高，所以通信容量较大，可以传输大容量的电视信号。我国最初确定的12个电视频道在48.5～92兆赫和167～223兆赫，每个频道带宽8兆赫。超短波除了用来传送电视信号之外，还有一部分用于高质量的调频广播。调频广播比调幅广播抗干扰能力要强得多，雷电、电火花等均对其不产生影响，因此，音质特别好。

微波：从接力通信到卫星通信。微波频率很高，波长仅在1毫米至1米，它不像中波那样能够沿地面绕过一定的障碍物传送，而只能向空中直线传播。由于地球是圆的，它的传送范围就很有限。如要让它传得较远，就必须隔一定距离设一个中转站，一站一站地往前传，这称为接力通信。自从地球同步卫星试验成功后，微波通信得到了极广泛的应用。微波可以不受阻挡地穿越电离层，到达同步卫星。

电磁学之父
——麦克斯韦

◆麦克斯韦

詹姆斯·克拉克·麦克斯韦（James Clerk Maxwell，1831～1879 年）是一位继法拉第之后，伟大的物理学家。

儿时的记忆

他出生于英国的爱丁堡。他的父亲受的是法学教育，虽然如此，但是思维活跃，爱好科学技术。麦克斯韦在成长过程中受父亲的影响比较多。他 10 岁进入爱丁堡中学学习，由于一直在乡下生活，所以带有浓重的盖洛维外乡口音，以至于刚一进入班级便遭到了同学们嘲笑和讥讽。他的衣着

◆儿时的麦克斯韦

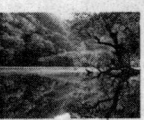

也不合时宜，当时的英国流行礼帽和领结，但是他的父亲认为，那样的衣着过于死板，于是给儿子亲手设计并缝制了衣服和鞋子，但是这却给小麦克斯韦带来了更多的嘲弄，甚至于有一次连老师都忍不住笑出声来。但是尽管如此，他还是积极地对待生活和学习。

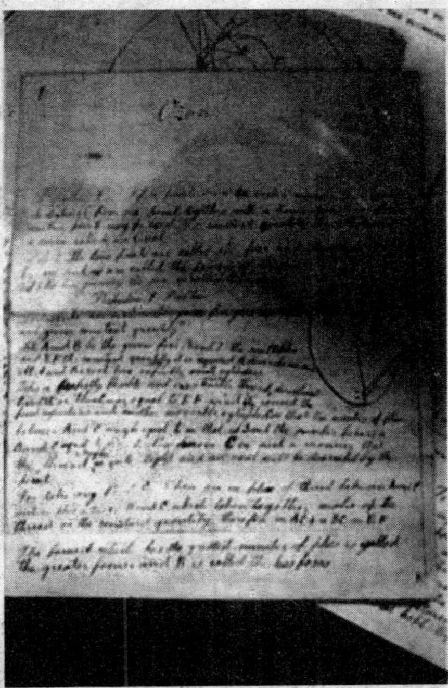

◆卵形曲线的手稿

麦克斯韦在学校中只有两个好朋友：他们是坎贝尔和泰特。坎贝尔是托马斯·坎贝尔的侄子，他智慧出众，才华横溢，后来成为了一位卓越的古典文学学者，在《圣经》经文的语言学和翻译柏拉图的著作方面成就非凡。另一位好友泰特比麦克斯韦晚一年入学，也成为了著名的数学家和物理学家，他在物理学方面最主要的成就是和威廉姆·汤姆生合写过著名的《汤姆生－泰特论自然哲学》。坎贝尔曾经描述过麦克斯韦上学时被一伙同学围着用爱丁堡的观念狠狠地教训，衣服都给撕碎了，那天麦克斯韦回到姑妈家，却摆出一副勇敢而好笑的姿势。从此他又多了一个笨蛋的绰号，在整个学生时代这个绰号一直跟着他。

他在这所中学的前三年并不出众，直到有一次他一人独得了诗歌和数学的两项比赛的冠军，使同学们对他刮目相看，从此获得同学的尊敬。他从小就有极强的数学天赋，终于在14岁时，他突然写出了第一篇科学论文，继爱丁堡一位知名的装饰艺术家海依（D. R. Hay）之后，麦克斯韦找到了一种绘制完全的卵形曲线的方法。卵形线具有类似于椭圆弦线的特点，麦克斯韦发现，当用来画椭圆的弦线向某一焦点折叠n次，而向另一焦点折叠m次时，一种像起重机滑轮组那样的真正卵形线就作成了。这种卵形线在著名科学家笛卡儿研究光的折射时就涉及过，但麦克斯韦的方法比他的方法还要简单。

他父亲兴奋地把这一结果告诉爱丁堡大学的自然哲学教授福布斯(J. D. Forbes)，福布斯答应在《爱丁堡皇家学会会刊》上发表。

1847 年，16 岁的麦克斯韦顺利地进入爱丁堡大学专攻数学。

麦克斯韦的成就

◆1828 年的爱丁堡皇家学会

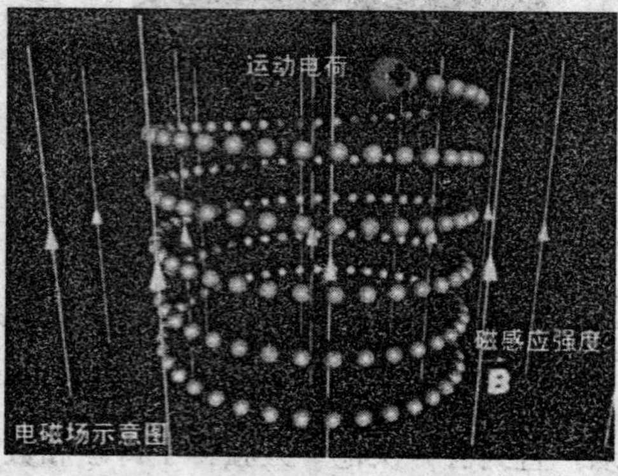

麦克斯韦涉猎了很多书籍，读过了法拉第的《电学实验研究》之后，敏锐地领会到了"力线"和"场"的重要性。但是他发现全书竟无一公式。他在威廉·汤姆生的鼓励下，用自己的数学知识来弥补这一缺陷。1860 年，29 岁的麦克斯韦拜访了已经 70 岁的法拉第，法拉第鼓励他说："你不应该停留在用数学解释我的理论，应该突破它"。在 1873 年，麦克斯韦终于发表了《电磁理论》这一巨著，与牛顿的《自然哲学原理》交相辉映。

在麦克斯韦的理论中，最精髓的就是麦克斯韦方程组，他用了四个方程就将电学和磁学有机地结合起来，并几乎可以解释所有的问题。

该方程组的核心思想是：变化的磁场可以激发涡旋电场，变化的电场可以激发涡旋磁场；电场和磁场不是彼此孤立的，它们相互联系、相互激发，组成一个统一的电磁场。麦克斯韦进一步将电场和磁场的所有规律综合起来，建立了完整的电磁场理论体系。而这种相互激发的电场和磁场由近及远的传播就形成了电磁波。至此，麦克斯韦预言了电磁波的存在，并且进一步预言了电磁波的波速是 3×10^8 米/秒，而光也是一种电磁波。

著名的麦克斯韦方程组

$$\begin{cases} \oint D \cdot ds = q \\ \oint B \cdot ds = 0 \\ \oint E \cdot dl = -\iint \frac{\partial B}{\partial t} \cdot ds \\ \oint H \cdot dl = I + \iint \frac{\partial D}{\partial t} \cdot ds \end{cases}$$

广角镜——麦克斯韦的其他科学贡献

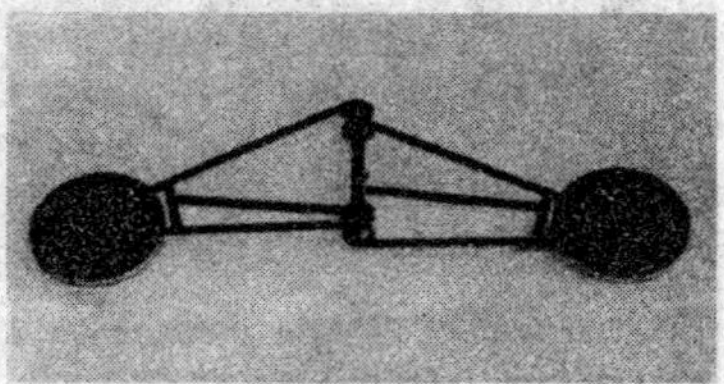

◆电量单位比实验

◆旋转线圈

◆土星光环模型

◆可调陀螺

◆对库仑定律的研究

◆用偏振光研究弹力

◆《电磁学通论》

◆创建卡文迪许实验室

广角镜——卡文迪许实验室

卡文迪许实验室是英国剑桥大学的物理实验室，实际上就是它的物理系。剑桥大学建于1209年，历史悠久，与牛津大学同为英国的最高学府。

剑桥大学的卡文迪许实验室建于1871～1874年间，是当时剑桥大学的一位校长威廉·卡文迪许私人捐款兴建的。他是18～19世纪对物理学和化学做出过巨大贡献的科学家亨利·卡文迪许的近亲。这个实验室就取名卡文迪许实验室，当时用了捐款8450英镑，除去盖成一栋实验楼馆，还买了一些仪器设备。

◆卡文迪许实验室

英国是19世纪最发达的资本主义国家之一。把物理实验室从科学家私人住宅中扩展出来，成为一个研究单位，这种做法顺应了19世纪后半叶工业技术对科学发展的要求，为科学研究的开展起了很好的促进作用。随着科学技术的发展，科学研究工作的规模越来越大，社会化和专业化是必然的趋势。卡文迪许实验室后来几十年的历史，证明剑桥大学这位校长是有远见的。

你知道吗？从卡文迪许实验室出身的诺贝尔奖获得者

诺贝尔奖得主	年份	获奖原因
J·W·瑞利	1904年	从事气体密度的研究并发现氩元素
J·J·汤姆逊	1906年	气体放电的理论和实验研究
卢瑟福	1908年	放射性元素的人工蜕变
W·H·布拉格、W·L·布拉格	1915年	借助X射线，对晶体结构进行分析
C·G·巴克拉	1917年	发现作为元素的次级X辐射的特征
阿斯顿	1922年	因发明质谱仪而获诺贝尔化学奖
玻尔	1922年	研究原子结构和辐射
康普顿	1927年	发现康普顿效应
C·T·R·威尔逊	1927年	发现用蒸汽凝结的方法显示带电粒子的轨迹
O·W·理查森	1928年	从事热离子现象的研究，特别是发现理查森定律

续表

诺贝尔奖得主	年份	获奖原因
J·查德威克	1935 年	发现中子
G·P·汤姆逊	1937 年	发现晶体对电子衍射
E·V·阿普尔顿	1947 年	从事大气层物理学的研究，特别是发现高空无线电短波电离层（阿普尔顿层）
P·M·S·布莱克特	1948 年	改进了威尔逊云雾室方法，并由此导致了在核物理领域和宇宙射线方面的一系列发现
C·F·鲍威尔	1950 年	开发了用以研究核破坏过程的照相乳胶记录法并发现各种介子
J·D·科克罗夫特	1951 年	通过人工加速的粒子轰击原子，促使其产生核反应
鲍鲁兹、肯德纽	1962 年	用 X 射线分析大分子蛋白质的结构，获诺贝尔化学奖
克利克、瓦森、维尔京斯	1962 年	发现脱氧核糖核酸的双螺旋结构，获生理学或医学奖
B·D·约瑟夫森	1973 年	发现超导电流通过隧道阻挡层的约瑟夫森效应
M·赖尔	1974 年	从事射电天文学方面的开拓性研究
赫维赛	1974 年	发现脉冲星
N·F·莫特	1977 年	从事磁性和无序系统电子结构的基础研究
P·A·M·狄拉克	1933 年	发现原子理论新的有效形式
P·W·安德逊	1977 年	磁性与无规系统的电子结构
P·卡皮查	1978 年	从事低温学方面的研究

看不见的“热线”——红外线

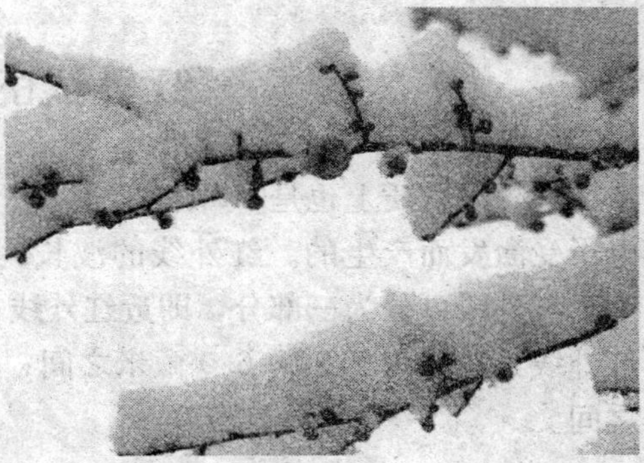

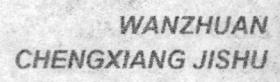

冬天到了，冬姑娘匆匆接走了秋婆婆的班，带着她给大自然的礼物，来到人间。

一颗颗的雪花就像是白砂糖一样，在空中飘着。但同时，也让人们倍感寒冷。

屋里点个炉子，烧上一壶热水。人们围坐在炉火旁边烤烤火顿感浑身暖洋洋的。

奇怪，为什么没有看到火光，却觉得很热呢？其实，我们烤火的时候不仅仅烤的是火，更是一种看不见的奇怪的“热线”，叫做红外线。下面我们一起来感受红外线的温度吧！

红外线的发现

可见光光谱线
温度升得好快呀，居然比红光升温还要快！

1800年，在三棱镜把阳光分成了七色光之后，有许多科学家都在研究这七色光。其中，英国的物理学家霍胥尔想到用温度计来研究一下各种色光，哪种使温度升高得最快，以测定色光的热效应。于是，霍胥尔用三棱镜将光分成了七色的光带，在每种色

光的位置都放置了温度计，结果发现，放在红光旁边的一支温度计温度上升得特别快，居然比红光上升得还快。科学家敏锐的观察力让他意识到，这一点需要好好研究。于是他又做了好几次实验，结果发现就是在红光外面的区域，热效应最明显。这说明除了我们可以看到红、橙、黄、绿、蓝、靛、紫这七种色光以外，一定还有我们看不到的光。至少，在红光外面一定会有一种看不到的光线。于是，霍胥尔就将此红光外面的光线叫做“红外线”。

红外线的实质

红外线实质上也是一种电磁波，它与可见光一样都是由于原子的外层电子受激发而产生的。红外线的波长大于可见光，大概在 0.75～1000 微米。红外线可分为三部分，即近红外线，波长为 0.75～1.50 微米之间；中红外线，波长为 1.50～6.0 微米之间；远红外线，波长为 6.0～1000 微米之间。

红外线的应用

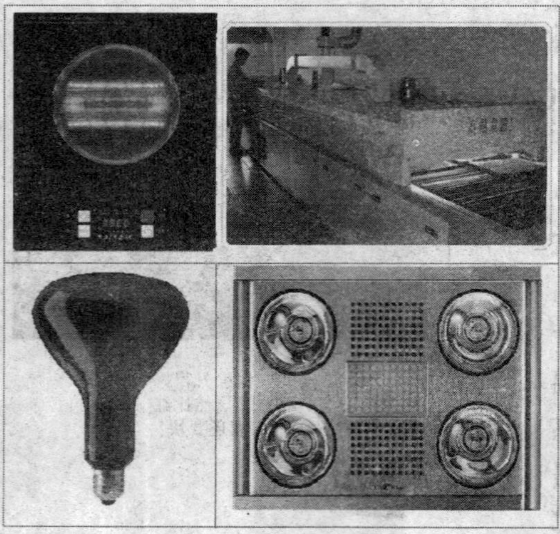

红外线又称热线，最明显的作用就是热效应，一切物体都在不停的向外辐射红外线，温度越高，辐射的红外线越强。

我们先来看看热效应在生活中有哪些应用：

红外线照射到物体上最明显的效果就是产生热。冬天烤火，就是因为有大量的红外线从炉子里射到人身上，才能让我们感觉到热乎乎的。

物体在辐射红外线的同时，也在吸收红外线。各种物体吸收了红外线以后温度就会升高。我们就可以利用红外线的热效应来加热物品或环境。例如家庭用的红外线烤箱，浴室用的暖灯等。

红外线的热作用对人体也是有影响的：

在红外线照射下，组织温度升高，毛细血管扩张，血流加快，物质代谢增强，组织细胞活力及再生能力提高。红外线还经常用于治疗扭挫伤，促进组织肿胀和血肿消散以及减轻术后粘连，促进瘢痕软化，减轻瘢痕挛缩等。

光浴的作用因素是红外线、可见光线和热空气。光浴时，可使较大面积甚至全身出汗，从而减轻肾脏的负担，并可改善肾脏的血液循环，有利于肾功能的恢复。光浴作用可使血红蛋白、红细胞、中性粒细胞、淋巴细胞、嗜酸粒细胞增加，轻度核左移；加强免疫力。局部浴可改善神经和肌肉的血液供应和营养，因而可促进其功能恢复正常。全身光浴可明显地影响体内的代谢过程，增加全身热调节的负担；对植物神经系统和心血管系统也有一定影响。

红外线的波长较长，绕过障碍物的能力比较强，所以经常用红外线做遥感的主要光源。

生活中的自动控制系统很多地方是用红外线

◆红外线遥感的飞机模型

◆自动控制门

红外线具有夜视作用

◆红外线夜视仪下看到的图片

由于一切物体都在放射红外线，所以只要能够感知红外线就可以感知物体，因此有人就发明了夜视仪，在军事和探险中发挥了重要的作用。

1982年4～6月，英国和阿根廷之间爆发马尔维纳斯群岛战争。4月13日半夜，英军攻击斯坦利港。3000名英军布设的雷区，突然出现在阿军防线前。英国的所有枪支、火炮都配备了红外夜视仪，能够在黑夜中清楚地发现阿军目标。而阿军却缺少夜视仪，不能发现英军，只有被动挨打的份。在英军火力准确的打击下，阿军支持不住，英军趁机发起冲锋。到黎明时，英军已占领了阿军防线上的几个主要制高点，阿军完全处于英军的火力控制下。6月14日晚9时，14000名阿军不得不向英军投降。英军的领先技术红外夜视器材赢得了一场兵力悬殊的战斗。

红外线热成像技术

利用某种特殊的电子装置将物体表面的温度分布转换成人眼可见的图像，并以不同颜色显示物体表面温度分布的技术，称之为红外热成像技术，这种电子装置称为红外热像仪。热像仪的应用范围非常广泛，如军事、电力、地下管道、消防医疗、救灾、工业检测等。

◆红外线相机拍摄的河川

看不见的“阳光”——紫外线

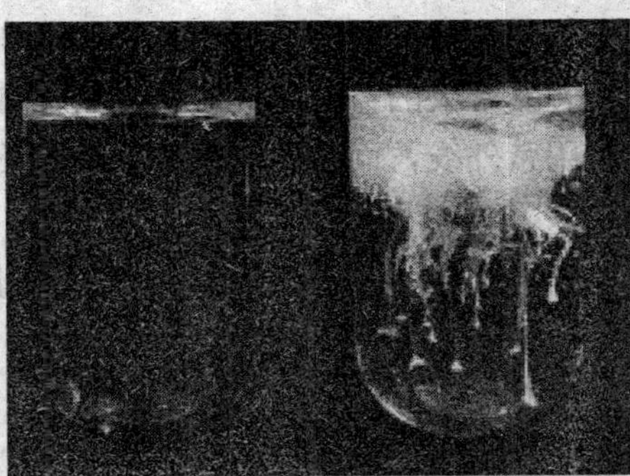

◈氯化银

氯化银（英文名称：silver chloride，分子式：AgCl），白色粉状晶体，一种化学物质，它有着一种奇怪的特性，就是见光就变黑。

正是这种白色晶体的这种感光性质，使得近代的成像技术有了飞速的发展。利用氯化银的感光性制成的胶卷就可以记录下许多美好的瞬间和重要的历史事件。

有人居然用这种白色的粉末，确定了太阳光的成分除了我们能看到的可见光（红、橙、黄、绿、蓝、靛、紫）以外，还有我们看不见的光，并把这看不见的太阳光称为“紫外线”。

紫外线的发现

早在1801年，有一位太阳光谱学家名叫里特。他在研究太阳光谱时曾想，太阳光除了我们能够看到的以外还有没有我们看不到的光线呢？当时他的手边恰好有一瓶氯化银悬浊液，当时的科学家们已经知道，氯化银悬浊液见光后会变黑，于是他就用一张白纸，蘸上一些氯化银浊液，将其放在被三棱镜散射过的太阳光带的两侧。他惊奇地发现在紫光的外侧，这张白纸居然变黑了。原来这是由于氯化银在紫外线的照射下，分解产生了黑

色的单质银颗粒。

紫外线的实质

紫外线实质上也属于电磁波的范畴，它和可见光一样也是由原子的外层电子激发所产生的。太阳光中实质上也存在紫外线，紫外线的波长比可见光还要更短一些，所以它的衍射能力稍弱，但是穿透能力更强一些。而由于紫外线的频率也略微高一些，所以它的能量也更强一些。它不仅对人类有非常大的益处，同时也会对人体带来一些伤害，所以很多时候我们想利用紫外线，而有些时候我们又不得不防止紫外线。

紫外线的应用与防止

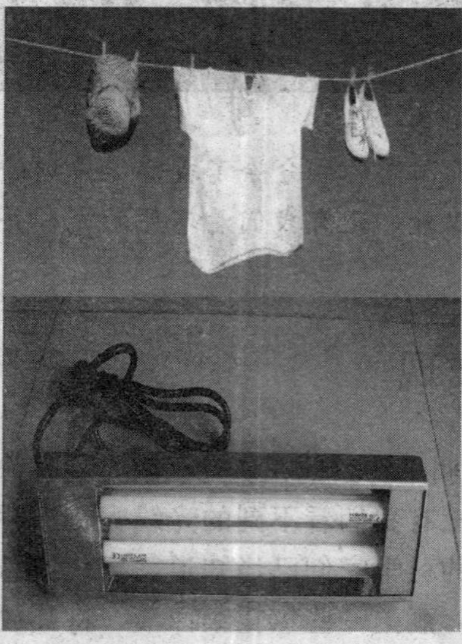
◆紫外线杀菌灯

紫外线根据其波长的不同，又可以分成以下 4 个波段：UVA 波段，UVB 波段，UVC 波段和 UVD 波段。这 4 个波段的波长依次越来越短。

UVA 波段：波长在 320～400 纳米之间，又称为长波黑斑效应紫外线。它可以直接到达人体的真皮层，破坏弹性纤维和胶原蛋白纤维，使我们的皮肤变黑。好多爱美的女士在夏天要涂抹防晒霜，想到更多的就是阻止这种波段的紫外线以防止皮肤晒黑。而其中 360 纳米波长的紫外线最符合昆虫的趋光性反应曲线，所以可以用这种光源作为诱捕昆虫的诱虫灯。而且这种波段的紫外线还可以用于宝石鉴定、验钞等场合。

UVB 波段：波长在 275～320 纳米，又称为中波红斑效应紫外线。具有中等的衍射能力，但是臭氧层对这种紫外线的吸收能力特别强，所以阳光中只有 2%的这种紫外线能到达地球。长期暴露在这种紫外线下可以使皮肤红肿脱皮，但是它也可以促进人体矿物质的代谢，促进合成维生素D，帮助钙的吸收。所以人们要经常晒太阳，但不可长时间暴露在强烈的阳光下，以免晒黑或脱皮。

UVC波段：波长100～275纳米，又称为短波灭菌紫外线。短波紫外线对人体的伤害很大，短时间照射即可灼伤皮肤，长期或高强度照射还会造成皮肤癌。紫外线杀菌灯发出的就是UVC短波紫外线。这种短波紫外线可以破坏及改变微生物的DNA结构，使细菌死亡或者不能繁殖后代，所以具有真正杀菌作用。这是一种最为简单、高效而且没有二次污染的杀菌方式。我们在家时，多把被褥在阳光比较强烈时拿出来晒晒，这对我们的健康是非常有利的。

UVD波段：波长小于100纳米，又称为真空紫外线。

紫外线与成像技术

人们对紫外线的研究和红外线与可见光一样，也希望知道紫外线是否能够成像，以及可以为人们记录下怎样的影像。那么让我们先来看几张紫外线对太阳成像的照片吧。

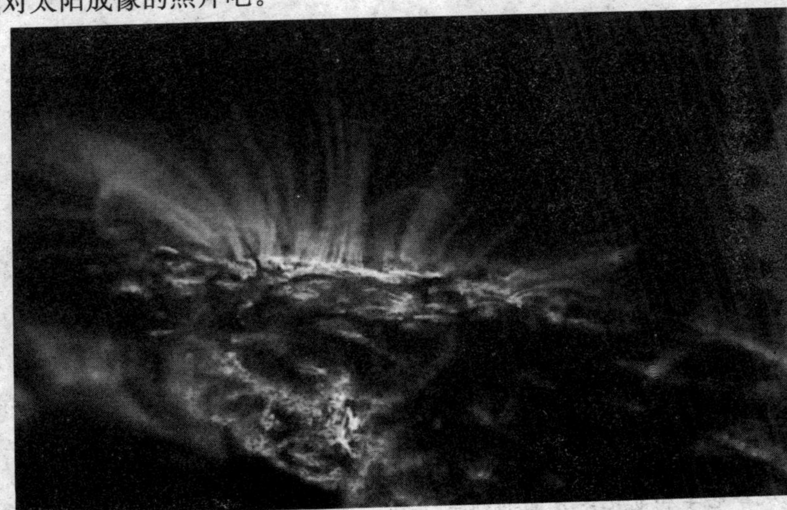

◆太阳黑子环——此紫外图像显示了太阳黑子周围明亮的发光的弧线气体流

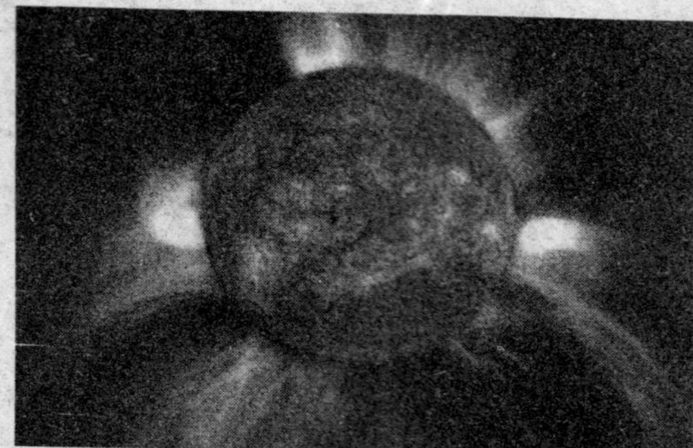

◆SOHO远紫外线望远镜拍摄到剧烈日冕物质喷发出数十亿吨物质到太空

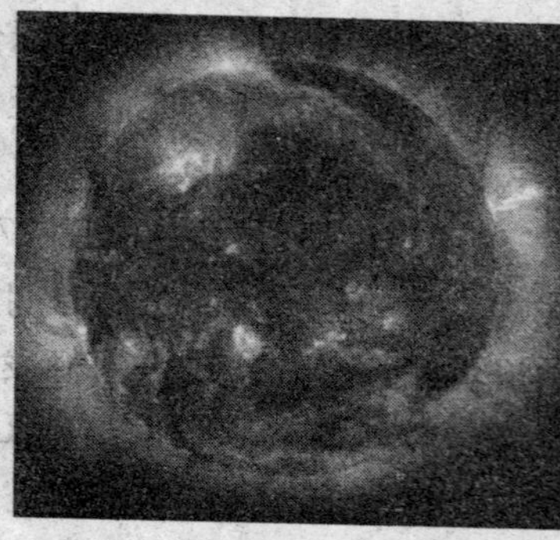

◆三种不同紫外线波长的照片合成的100000℃温度状态下电离铁的活动情况

知识库——光的衍射

定义：光在传播路径中，遇到不透明或透明的障碍物，绕过障碍物，产生偏离直线传播的现象称为光的衍射。

包括：单缝衍射、圆孔衍射、圆板衍射及泊松亮斑。

产生衍射的条件是：由于光的波长很短，只有十分之几微米，通常物体都比它大得多，但是当光射向一个针孔、一条狭缝、一根细丝时，可以清楚地看到光的衍射。用单色光照射时效果好一些，如果用复色光，则看到的衍射图案是彩色的。

名人介绍：科学家——里特

里特（Johann Wilhelm Ritter，1776～1810年），德国物理学家、化学家。1776年12月16日生于萨姆尼茨。1791～1795年在耶拿大学学医，1803～1804年任该校讲师，1804年起在慕尼黑工作，1810年1月23日在慕尼黑逝世。

他从事电学和电化学方面的研究工作。在德国作为伽伐尼电池研究的先驱者，自1797年开始进行这方面的研究。1800年9月提出报告，在电解水实验中，他成功地收集到两种气体，并从胆矾中电解出铜。他反对伏特的接触说，认为电流的真正来源是化学作用。

1801 年，他在研究光谱的不同部分对氯化银的照射作用时发现：随着向紫光方向移动，化学活性增加，在紫外部分，仍存在着一种不可见射线，使氯化银变黑，从而发现了紫外线。同年他又观察到温差电现象。

1803 年，他发现当用两根铂丝放入水中通电时，在两根铂丝上分别出现氢气和氧气两种气体。把铂丝与电源断开后，用导线彼此连接起来，两根铂丝犹如电源的两极，在短暂时间内，电路中有电流通过，但方向与原电流相反。于是，他最早发明了蓄电池。

1805 年，他用 400 对直径为 4 英寸（1 英寸＝2.54 厘米）的金属片组成的电堆，向一根长 2 英寸的铁丝供电，不久铁丝灼热。改用 100 对直径为 8 英寸的金属片组成电堆，可以使 32 英寸长同样粗细的铁丝灼热，这表明加大面积可提高电堆的功效。这项研究使他得出：“在电动力相等情况下，电池的效果依赖于电池本身和回路的总的抵抗”，先于欧姆得出了类似关系。

神奇的“手骨图”
——X射线

◆踢足球的QQ仔

有一天，一个QQ公仔在快乐地踢着足球，眼看就要射门，突然被对方的几个QQ仔围追堵截，发生肢体碰撞。最终，可怜的小QQ仔受伤倒地，顿时腿部剧烈疼痛，起不来了。随队医生为他检查伤势后，把他送进了医院。医生对QQ公仔说：“我先帮你拍一张X光片，看看你的腿骨有没有什么大问题吧！”很快医生就诊断出QQ的腿伤到了哪里。医生为QQ仔做了手术，没过多久，QQ又可以驰骋赛场，踢足球了！

今天的医疗技术真的非常发达，连骨头缝都能看得清清楚楚，所以医生可以轻松地诊断病情。而这一切都要谢谢X光啊，要不是它，我们要想看到骨头，那只能动手术了！好疼！

看来我们要好好研究X光了！

X光的发现

让我们先来看一段小故事吧：1895年11月8日傍晚，德国物理学家伦琴（1845～1923年）正在沃兹堡大学的一个实验室，研究他的“克鲁克斯—希托夫管”（其实就是今天的阴极射线管）。这种阴极射线管，是在抽成真空的电子管两端加上非常高的电压，电子就从阴极（负极）射出，在管内放一个涂有荧光物质的薄板，就可以看到电子运动的轨迹，是一道绿色的光。

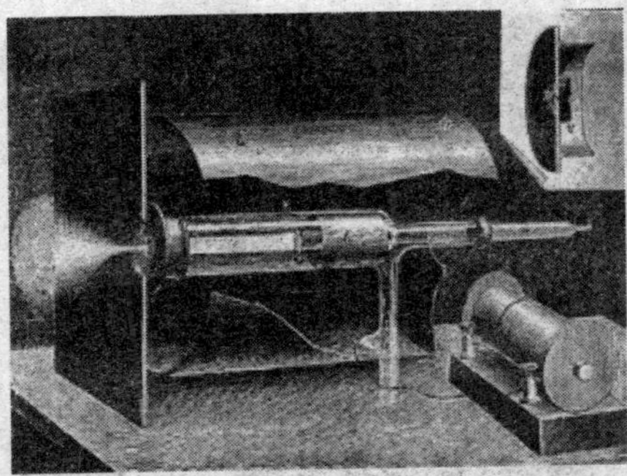
◆克鲁克斯—希托夫管，即阴极射线管

伦琴用黑纸将阴极射线管完全掩遮好，使之与外界相隔绝，然后把窗帘放下，打开高压电源，以便检查有没有光线从管中漏出。突然，他发现有一道绿光从附近的一个板凳射出，掠过他的眼前。他把高压电源关掉，光线也随着消失。奇怪！板凳怎么会发射出光来呢？伦琴马上点了灯，照了照板凳，发现那里摆着的原来是自己做其他试验时用的一块硬纸板，硬纸板上涂了一层荧光材料（氰亚铂酸钡的晶体）。

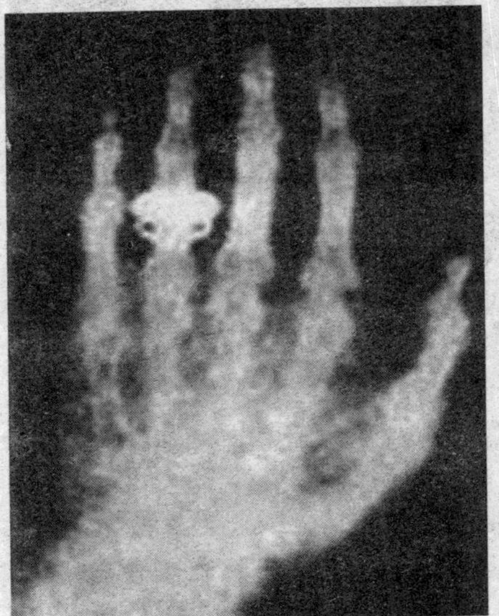
◆1896年伦琴首次拍下了妻子的手骨图。无名指上还带着戒指

伦琴感到十分惊讶。从阴极射线管中散出的阴极射线有效射程仅有一英寸（1英寸＝2.54厘米），显然是不会跑出这么远的。那么是什么东西使荧光材料发光的呢？伦琴很快意识到有某种崭新的未知光线发生了。这种未知光线从阴极射线管发出，穿过了黑纸包层，射到了硬纸板上，激发了涂料的晶体发出荧光。

伦琴激动得难以控制自己，一连几天几夜关在实验室里继续实验。他先后在阴极射线管与硬纸板之间放了木头、乌木、硬橡胶、氟石以及许多种金属，结果发现这种未知的光线仍然能够照直穿透这些物体。只有铅和铂挡住了这种光线。

伦琴的妻子对于伦琴总是迟迟不回家很生气。于是伦琴把她带到实验室里，把用一张黑纸包好的照相底片放在她的手掌下，然后用阴极射线管

◆德国科学家伦琴

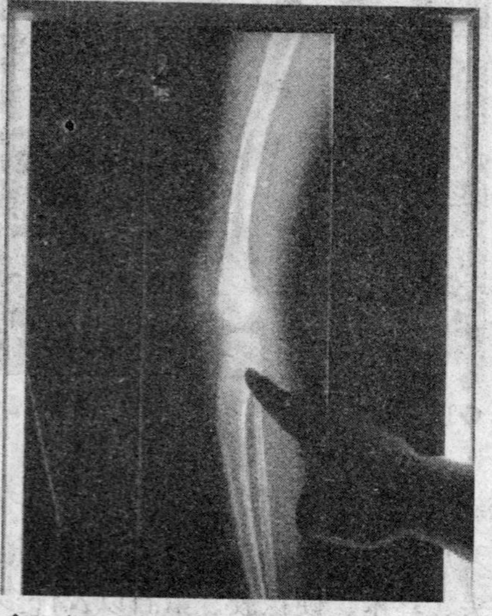
◆X光下的腿骨图

一照，拍下了历史上最著名的一张照片。冲洗出来的底片清楚地呈现出伦琴夫人的手骨结构，手上那枚金戒指的轮廓也清晰地印在上面。伦琴当时无法说明这种未知的射线，就用代数上常用来求未知数的"X"来表示，把它定名为X射线。实际上后来才知道，X射线是由阴极射线打在阳极靶上而获得的。伦琴经过了一连七个星期废寝忘食的紧张工作，终于在12月28日完成了举世轰动的科学报告。不久，全世界各大报纸都报道了这一重要新闻。这时，有一些物理学家们才开始懊悔自己没有追究实验室内照相底片"走光"的问题。也有的物理学家责备自己把照相底片感光，错误地归于阴极射线作用的结果。还有一位物理学家声称，他发现X光是在伦琴之前，只是由于不愿中断正常的研究工作，而未发表。的确，这个发现完全有条件在20年前的任何实验室完成。可是，如果伦琴对这一"科学的闪光"漫不经心，轻意放过这一重要线索，或是不深入思索，轻率地把它归于任何一种别的原因，那么X光还是发现不了。

经研究他发现，X射线能使许多物质发光；X射线可以穿透不透光物质，他特别注意到，X射线能够透过他的肉体，只是为骨骼所阻，把手放在阴极射线管和荧光屏之间，能够在荧光屏上看到手骨的影子；X射线是直线，它与充电粒子束不同，不因磁场而折射……最后，伦琴以高超的实验技巧取得了 9 项关于 X 光重要性质的成果。由此可见，伦琴不是仅仅向荧光纸板方向看一眼就成为发现 X 光的巨人的，而是依靠敏锐的观察力、科学的预见力、准确的判断力、高超的实验力才成为杰出的科学家。1901 年第一届诺贝尔物理学奖评选时，29 封推荐信中就有 17 封集中推荐他。伦琴最终获得了第一届诺贝尔物理学奖。

X 光的实质

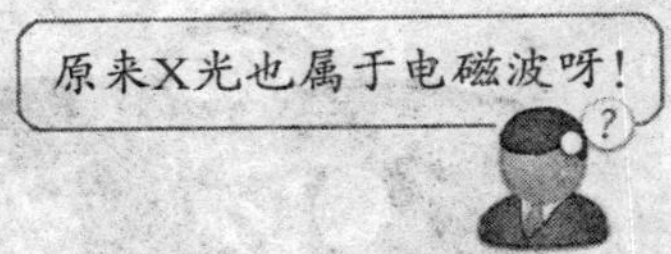

科学家们经过研究发现，其实 X 光也是一种电磁波。它有着电磁波所有的性质：可以反射、折射、衍射，可以在真空中传播。只是它的频率比紫外线还要高，波长比紫外线还要短，所以它的衍射能力较差，但是能量非常高，穿透能力非常强。如果说紫外线可以用防晒霜遮挡的话，那么对付 X 射线防晒霜可不行，X 射线能传播 2 米远以外，能穿过许多物质，甚至能穿透 15 毫米厚的铝板。X 射线的辐射危害很大，过多的 X 射线会使人的免疫力下降，甚至导致严重的疾病。所以研究 X 射线的科学家们，是付出了相当大的代价的。现在为了防护 X 射线对人体的伤害，都用铅板或铅砖来阻挡 X 射线。

X 光的应用

X 光有着非常广泛的应用，首先就是 X 光影像技术，已经广泛应用于我们的身边。这是由于 X 射线能顺利穿透肌肉组织，但不能穿过骨骼这样密度大的组织，而且又可以使照相底片感光。所以人们就用 X 光来进行外科探伤。如果骨折的话，在底片上的阴影里很容易找到断裂处，这大大减少了患者的痛苦。X 射线被发现 3 个月后，奥地利维也纳一家著名的医院就已经开始在外科诊断中用 X 射线拍片了。半年后，英国就出版了第一本 X 射线研究的专业杂志《X 射线临床影像

◆新型 X 射线铅防护服

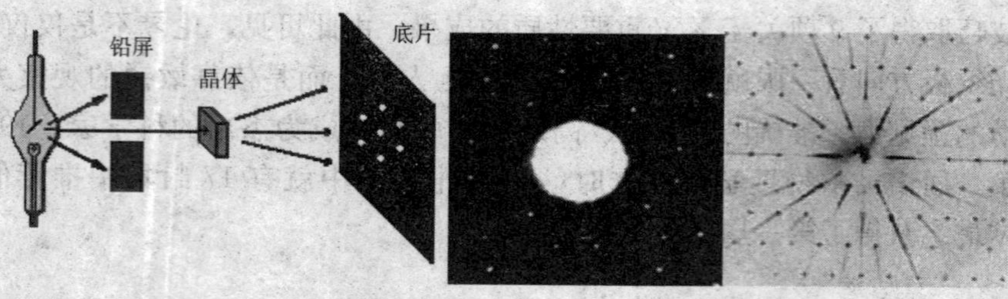

◆劳厄斑

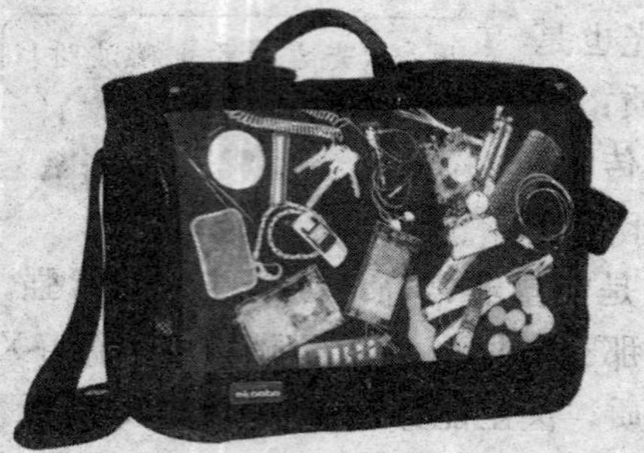

◆X光下的行李

资料》。

1912年，德国物理学家劳厄大胆假设，如果X射线是一种波长很短的电磁波，晶体中的原子又都按一定规则排列的话，当X射线穿透晶体时，应当跟光线穿过衍射光栅后一样，也会出现衍射图样。他的这一设想不久就被实验所证实。规则地分布在感光底片上的衍射黑点，被称为“劳厄图样”，它就是晶体的微观结构在宏观上的体现。劳厄的成功可谓是一箭双雕，既证明X射线具有波动性，又证明晶体中的原子是有规则排列的。为此，他荣获了1914年度的诺贝尔物理学奖。

X射线还被应用在生物学上，在揭示复杂的生物大分子的奥秘上，也是屡建奇功的。1953～1959年，小布拉格手下的两位助手佩鲁茨和肯德罗，用改进了的X射线分析仪测定了肌红蛋白及血红蛋白分子的结构。众所周知，血红蛋白是血液中氧的携带者，它由12000个左右的原子组成。如此众多的原子是怎样构成血红蛋白的呢？佩鲁茨和肯德鲁通过自己的研究，搞清了它的结构。他们因此而获得了1962年度的诺贝尔化学奖。

X光在运输、航空、奥运会的安全检查方面也是大显身手，当我们的行李通过X光机，X光机里就可以显示出行李中的物品，公安或者海关人员可以查出夹杂在行李或者集装箱中的违禁物品。半导体工厂的质检人员，可以用X光机来检查已封装的电路质量是否合格。

X 光片

我们来欣赏几张在 X 光下拍摄的照片吧！

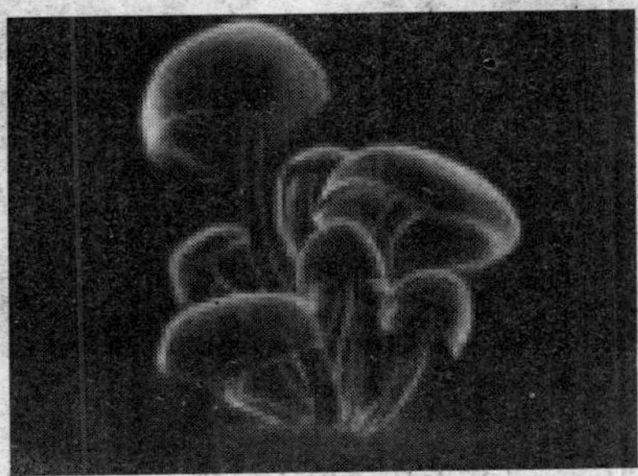

神奇的“能量刀”
——γ射线

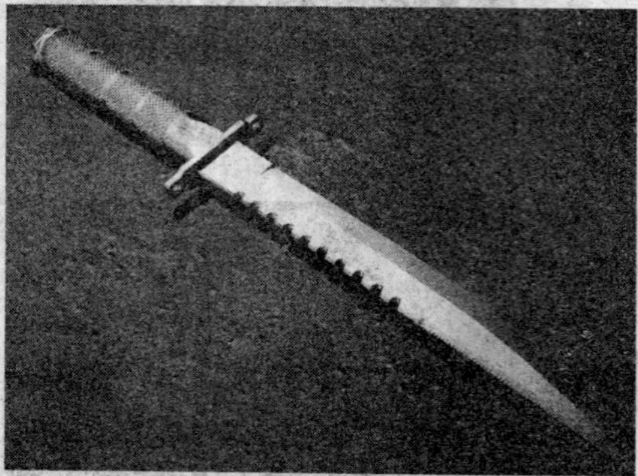

随着电磁波波长的减小，频率的增高，电磁波的能量也越来越高，高得足以贯穿金属，高得就像一把刀。

这把刀如果应用得好，在医学上可以治疗各种疾病，杀死癌细胞。可是如果应用到战争上，则足以让人致命，而且还防不胜防。

看来γ射线还真是一个让人又爱又恨的家伙。还是让我们悄悄靠近它，揭开它神秘的面纱，以便能够更好地利用它造福于人类吧！

γ射线的发现

说到γ射线，大家都还有些陌生。其实它也是电磁波家族的一员，它的波长大约在0.2纳米以下。它是在1900年由法国科学家P·V·维拉尔德首先发现的。它是一种放射线。为什么叫γ（读“伽马”）射线呢？主要是因为它是继α、β射线后发现的第三种原子核射线。

知识库——希腊字母表

小写	中文注音	小写	中文注音	小写	中文注音
α	阿尔法	ι	约塔	ρ	肉
β	贝塔	κ	卡帕	σ	西格马
γ	伽马	λ	兰布达	τ	套
δ	德尔塔	μ	缪	υ	宇普西龙
ε	伊普西龙	ν	纽	φ	佛爱
ζ	截塔	ξ	克西	χ	西
η	艾塔	ο	奥密克戎	ψ	普西
θ	西塔	π	派	ω	欧米伽

γ射线的命名

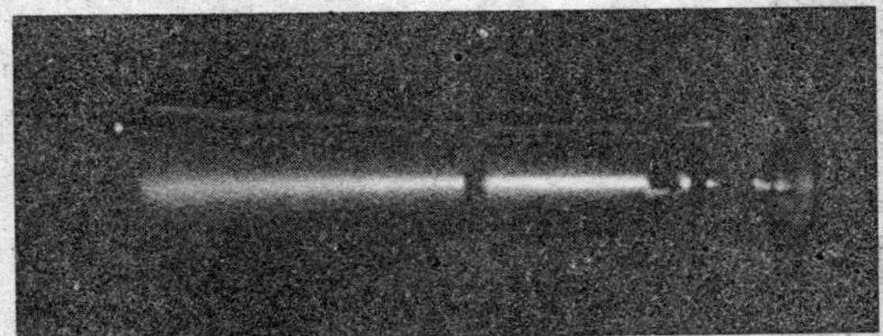
◆神奇的放电管放出阴极射线

原来伽马射线是一种放射线。生活中我们对放射线总是敬而远之，感觉只要是被放射线照到那就必死无疑啦！可是你知道吗？这个世界上有许多的科学家勇敢地与这些放射线为伴，研究它们的性质、特点，为人类做出了巨大的贡献！

其实X射线、α射线、β射线和γ射线，它们都是一家人，它们的妈妈就是阴极射线！阴极射线是从气体放电管中释放出来的一种神奇的光线。

◆安东尼·亨利·贝克勒尔

◆恩斯特·卢瑟福

1858年——德国的物理学家普立卡（Plucker，1801～1868年）在观察放电管中的放电现象时发现正对阴极的管壁有绿色的萤光。

1876年——德国科学家哥尔德斯坦（Goldstein，1850～1930年）认为这是从放电管里的阴极射出来的，就把它命名为阴极射线。

科学家们纷纷研究阴极射线，一时间，研究这种射线成为了科学界的时尚。到底是电磁波？还是粒子流？

1890年——英国卡文迪许实验室的教授J·J·汤姆生开始研究阴极射线。他提出实验证据说，这是带电粒子流不是电磁波，他量出这种粒子的电荷和质量的比值（e/m的值），1899年，他把这些粒子正式命名为“电子”。

1895年——德国的实验物理学家伦琴意外发现放射管里发出了一道奇妙的光，他用这种光照了一张他太太的手的照片，轰动了全世界。由于他不知道这是什么射线，故称为X射线。

这样的发现，引发了更多科学家的兴趣，他们纷纷投入其中，开始对核物理进行研究，这可是对以后的原子弹的产生埋下了伏笔。

1896年——法国的物理学家安东尼·亨利·贝克勒尔发现了铀盐可以放射出一些神秘的射线，便称为放射线。由于那时对放射线的性质了解甚少，长期暴露在放射线中没有防护，以至于贝克勒尔在1903

年获得诺贝尔奖后，1908 年 50 多岁便去世了。

1895 年——年轻的卢瑟福从新西兰来到遥远的英国，进入了卡文迪许实验室，在汤姆生的指导下，开始研究 X 射线，并提出了原子的核式结构，为此获得了诺贝尔奖。打破了原子是物质最小的组成单位、不可再分的学说。在贝克勒尔发现放射线之后，汤姆生建议他研究放射线。他听从了导师的建议，把铀装在铅罐里，罐上只留一个小孔，铀的射线只能由小孔放出来，成为一小束。他用纸张、云母、玻璃、铅箔以及各种厚度的金属板去遮挡这束射线，结果发现铀的射线并不是由同一类物质组成的。其中有一类射线只要一张纸就能完全挡住，他把它叫做“软”射线；另一类射线则穿透性极强，几十厘米厚的铅板也不能完全挡住，他把它叫做“硬”射线。

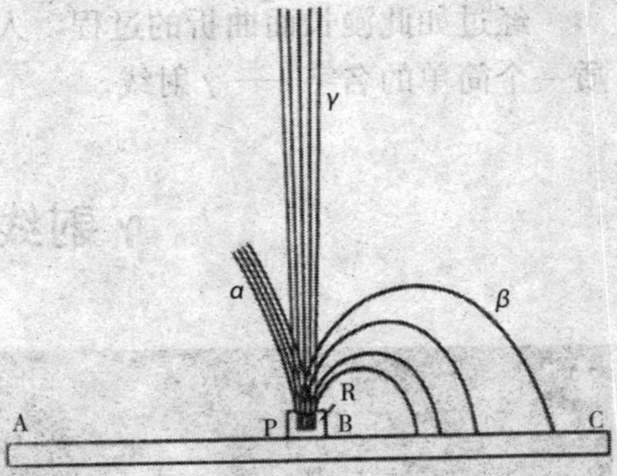

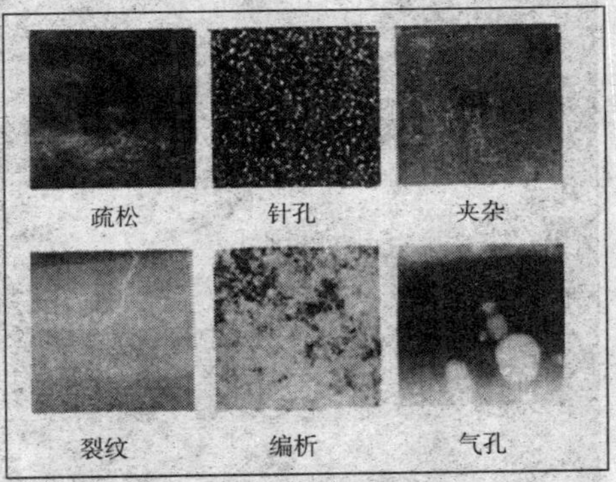

◆γ 射线下，金属铸造的瑕疵

1898 年——居里夫人在这年的 12 月发现了同样具有放射性的物质镭。

卢瑟福在卡文迪许实验室，用最擅长的磁场实验来研究射线。结果发现在磁场的作用下，镭射线分成两束。其中一束不被磁场偏转，仍然沿直线行进，就像 X 射线那样；另一束在磁场的作用下弯曲了，就像阴极射线一样。他分别研究了三种射线的穿透本领。结果是：

α 射线的穿透本领最差，它在空气中最远只能走 7 厘米。一张纸、一薄片云母、一张 0.05 毫米的铝箔，都能把它挡住。

β 射线的穿透本领比 α 射线强一些，能穿透几毫米厚的铝片。γ 射线的穿透本领极强，1.3 厘米厚的铅板也只能使它的强度减弱一半。

经过如此漫长而曲折的过程，人们终于给了这种贯穿能力非常强的物质一个简单的名字——γ射线。

γ射线的应用

◆画家描绘肉眼可见的最大伽马射线爆发

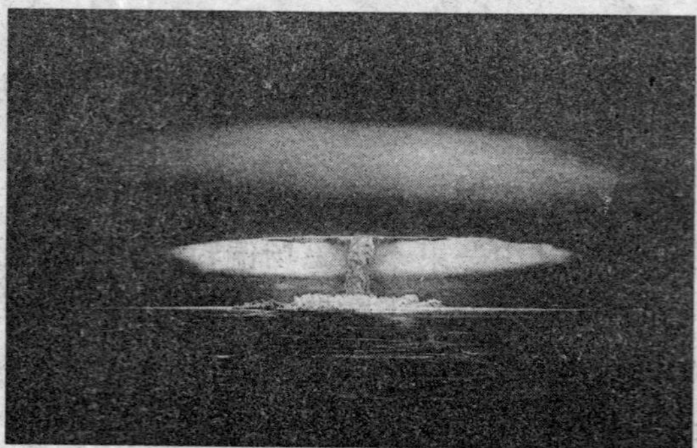

◆核爆炸

γ射线具有非常强的穿透能力，并且可以使荧光物质感光，所以经常用于探伤和流水线自动控制。当γ射线通过物质并与原子相互作用时会产生光电效应、康普顿效应和正负电子对三种效应。

探测伽玛射线有助天文学的研究。

当人类观察太空时，看到的为“可见光”，然而电磁波谱的大部分是由不同辐射组成的，其中的辐射的波长有较可见光长，亦有较可见光短，大部分单靠肉眼并不能看到。通过探测伽玛射线能提供肉眼所看不到的太空影像。

在太空中产生的伽玛射线是由恒星核心的核聚变产生的，因为无法穿透地球大气层，因此无法到达地球的低层大气层，只能在太空中被探测到。太空中的伽玛射线是在1967年由一颗名为“维拉斯”的人造卫星首次观测到的。从20世纪70年代初由不同人造卫星所探测到的伽玛射线图片，提供了关于几百颗此前并未发现的恒星及可能的黑洞。

由于γ射线的能量很高，又被称为宇宙中最有杀伤力的射线。可以快速地杀死细胞，对人体有巨大的危害。据说女性在被γ射线照射10分钟后，就会丧失生育能力。

正因为如此，医学上发现肿瘤细胞对γ射线更加敏感，因此可以用γ光代替做手术的刀，切除肿瘤。但是带给病人的痛苦也非常大，因为好的细胞也受到了严重的损伤。

放射线的辐射还容易使人患上癌症、白血病等重大疾病。

有人利用了这一点，制造了一种无声的杀手——γ射线弹。一般来说，核爆炸的杀伤力量由4个因素构成：冲击波、光辐射、放射性污染和贯穿辐射。其中贯穿辐射则主要由强γ射线和中子流组成。由此可见，核爆炸本身就是一个γ射线光源。通过结构的巧妙设计，可以缩小核爆炸的其他硬杀伤因素，使爆炸的能量主要以γ射线的形式释放，并尽可能地延长γ射线的作用时间（可以为普通核爆炸的三倍），这种核弹就是γ射线弹。

与其他核武器相比，γ射线的威力主要表现在以下两个方面：一是γ射线的能量大。由于γ射线的波长非常短，频率高，因此具有非常大的能量。高能量的γ射线对人体的破坏作用相当大，当人体受到γ射线的辐射剂量达到200～600雷姆时，人体造血器官如骨髓将遭到损坏，白血球严重地减少，内出血、头发脱落，在两个月内死亡的概率为0～80%；当辐射剂量为600～1000雷姆时，在两个月内死亡的概率为80%～100%；当辐射剂量为1000～1500雷姆时，人体肠胃系统将遭破坏，发生腹泻、发烧、内分泌失调，两周内死亡概率为100%；当辐射剂量为5000雷姆以上时，可导致中枢神经系统受到破坏，发生痉挛、震颤、失调、嗜睡，在两天内死亡的概率为100%。二是γ射线的穿透本领极强。γ射线是一种杀人武器，它比中子弹的威力大得多。中子弹是以中子流作为攻击的手段，但是中子的产生量较少，只占核爆炸放出能量的很小一部分，所以杀伤范围只有500～700米，一般作为战术武器来使用。γ射线弹的杀伤范围，据说为方圆100万平方千米。

γ射线弹除杀伤力大外，还有两个突出的特点：一是γ射线弹无需炸药引爆。二是γ射线弹没有爆炸效应。进行这种核试验不易被测量到，即使在敌方上空爆炸也不易被觉察。一旦这个"悄无声息"的杀手闯入战场，将成为影响战场格局的重要因素。

最不可思议的"人造光"——激光

激光——LASER（Light Amplification by Stimulated Emission of Radiation），意思是：通过受激发射的光扩大。而它最初的中文名字叫做"镭射"或"莱塞"，是它的英文名称LASER的音译。事实上，英文名称更体现了它的产生机制，直到1964年，按照我国著名科学家钱学森的建议才将"光的受激发射"改称"激光"。

原子的结构

说起激光的原理不能不提受激辐射，而要提到受激辐射又不得不先来研究原子的核式结构和波尔的能级理论。

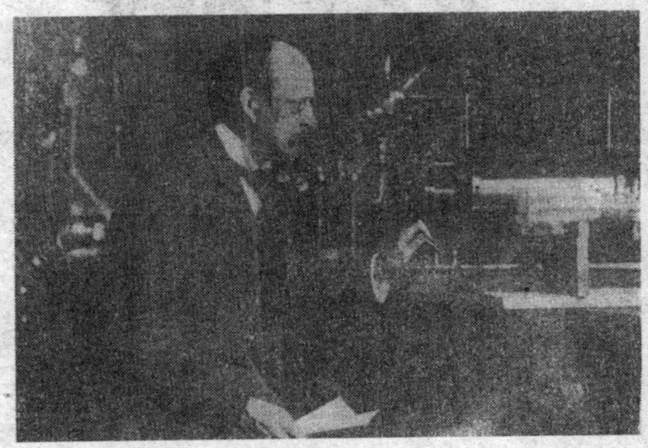

◆汤姆生正在实验

当汤姆生发现电子后，人们就意识到原来原子也是可以再分的。那么原子的结构到底是什么样的呢？一时间，各种原子的模型相继出现。其中最有代表性的要数1903年汤姆生自己提出来的"西瓜"式的原子了。

他认为原子是一个球体，就像是一个西瓜，西瓜的瓜子就是一个个的电子，而正电荷均匀分布在周围就是瓜瓤。有人也把这种模型称为"枣糕”式模型或者“葡萄干蛋糕”式的原子模型。这种模型可以很好地解释为什么原子呈现电中性，电子在原子里是怎样分布的，而且还能解释阴极射线现象和光电效应。而且这种模型估算出的原子大小约为10厘米左右。在当时这些可都是非常了不起的发现，这种结构被越来越多的人所接受。

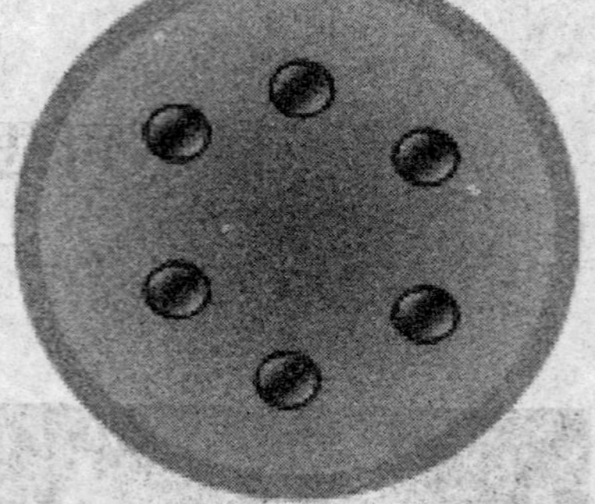

可是，1909年，卢瑟福做了一个叫做α粒子散射实验。这个实验的实验目的是为了验证汤姆生模型的正确性。结果却得出否定的结论。

实验——α粒子散射

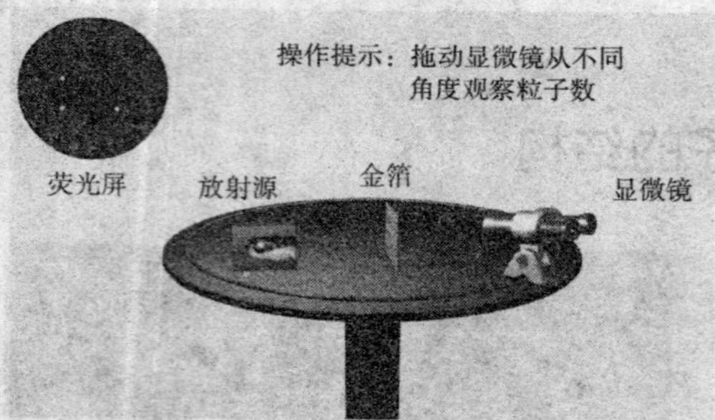

卢瑟福在一个小铅盒里放有少量的放射性元素钋，它发出的α粒子从铅盒的小孔射出，形成很细的一束射线射到金箔上，α粒子穿过金箔后，打到荧光屏上产生一个个的闪光，这些闪光可以用显微镜观察到。整个装置放在一个抽成真空的容器里。荧光屏和显微镜能够围绕金箔在一个圆周上转动，从而可以观察到穿过金箔后偏转角度不同的α粒子。

实验表明：绝大多数α粒子穿过金箔后仍沿原来的方向前进，但是有少数α粒子却发生了较大的偏转，并且有极少数α粒子的偏转超过90°，有的甚至几乎达到180°，像是被金箔弹了回来。这就是α粒子散射实验。

卢瑟福的核式结构

根据汤姆生的枣糕模型计算，α粒子穿过金箔后的偏转最大不超过零点几度，因为电子质量很小，比粒子的质量小得多，α粒子碰到电子，就

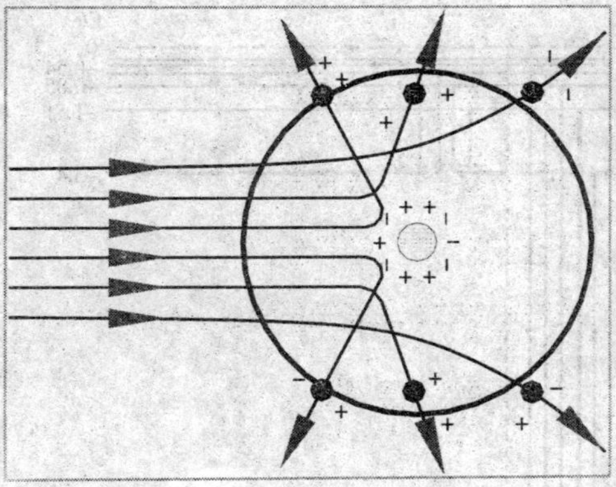

如子弹碰到尘埃，前进方向不会发生明显改变。所以卢瑟福对这些结果分析后得出结论，提出他的原子核式结构模型：在原子的中心有一个很小的核，叫原子核，原子的全部正电荷和几乎全部质量都集中在原子核里，带负电的电子在核外空间里绕着核旋转。根据核式结构学说可以解释α粒子的散射：当α粒子穿过原子时，电子对α粒子影响很小，影响α粒子运动的主要是原子核。离核远则α粒子受到的库仑斥力很小，运动方向改变小。只有当α粒子与核十分接近时，才会受到很大库仑斥力，而原子核很小，α粒子接近它的机会很少，所以只有极少数α粒子大角度偏转，而绝大多数基本按直线方向前进。

用卢瑟福自己的话说："这是我一生中从未有过的最难以置信的事件，它的难以置信好比你对一张白纸射出一发38厘米的炮弹，结果却被顶了回来打在自己身上，而当我做出计算时看到，除非采取一个原子的大部分质量集中在一个微小的核内的系统，是无法得到这种数量级的任何结果的，这就是我后来提出的原子具有体积很小而质量很大的核心的想法。"

能级和跃迁

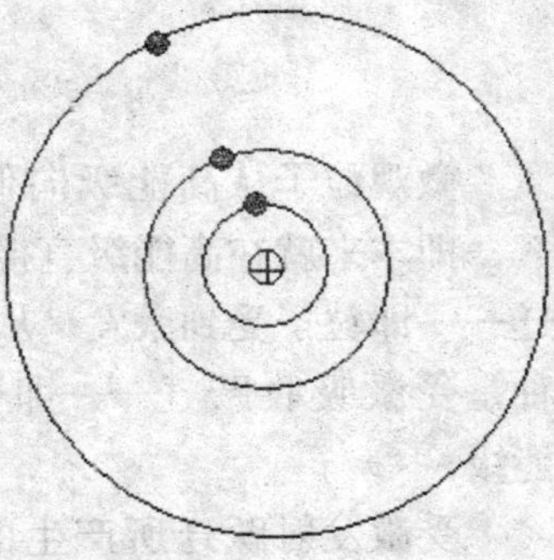

在卢瑟福提出核式结构之后，发现这种结构可以非常好的解释很多现象，但是无法解释原子的稳定性和原子光谱的不连续性。按照经典的理论研究，原子运动过程中会激发电磁波，因此能量会有所损失，那么核外电子转动的半径就应该越来越小，最后一头撞进原子核中，使得原子核的正负电荷中和，发生湮灭。同时在半径变小的时候所激发的电磁波有可能

◆霓虹灯

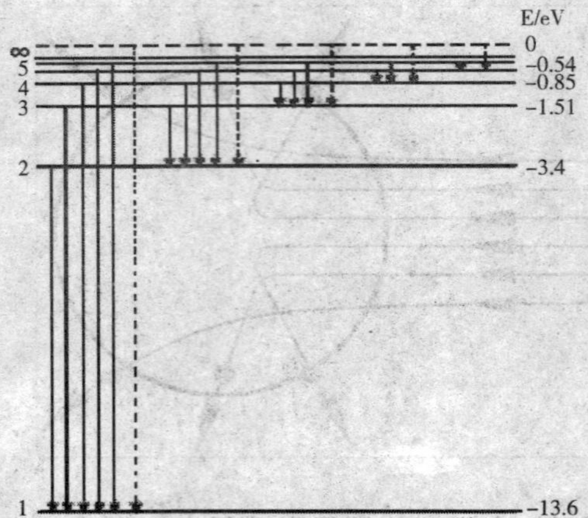

◆氢原子能级图

就是光，但是这样发出来的光，应该形成连续的光谱线，而不是分离谱。

这时，许多科学家又开始致力于这方面的研究。这里，丹麦的科学家波尔大胆地提出了一系列不连续的概念，成功地分析了氢原子的光谱线不连续的问题。他认为，原子的轨道是不连续的，每一条轨道叫做一个能级，例如氢原子的能级，如上图所示。

每个能级对应一定的能量，当电子从高能级向低能级跃迁的时候就会放出能量，这些能量就是光子，也就是说发出了特定频率的光。

各种气体受激发后电子发生跃迁而产生的光的频率不同，所以颜色各异，用不同的气体就可以制成霓虹灯。

激光的产生

微观粒子从高能级向低能级跃迁的方式有三种，第一种是自发跃迁——即本来就在高能级直接跃迁到低能级放出光子。第二种是受激发射跃迁——即粒子受到激发，从高能级向低能级跃迁，产生受激发射光。第三种是受激吸收跃迁——即受到激发吸收能量，到高能级后再跃迁至低能级。

受激发射跃迁所产生的受激发射光，与入射光具有相同的频率、相位、传播方向和偏振方向。因此，大量粒子在同一相干辐射场激发下产生

◆激光的产生

的受激发射光是相干的。

如果把一段激活物质放在两个互相平行的反射镜（其中至少有一个是部分透射的）构成的光学谐振腔中，处于高能级的粒子会产生各种方向的自发发射。其中，非轴向传播的光波很快逸出谐振腔外；轴向传播的光波却能在腔内往返传播，当它在激光物质中传播时，光强不断增长，使受激辐射得到放大而比受激吸收要多，总体而言就会有光子射出，从而产生激光。

激光的特点

定向发光

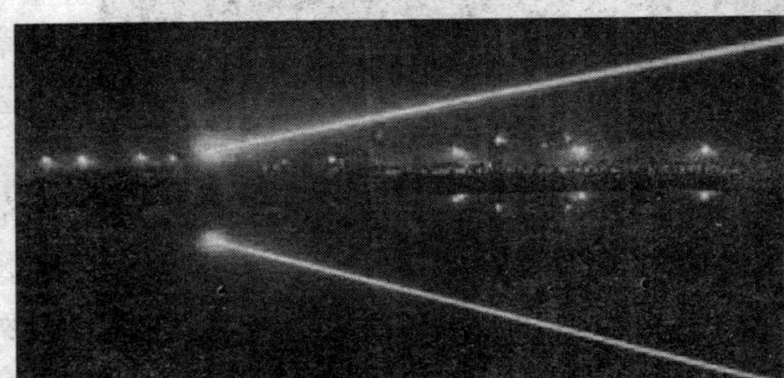

普通光源是向四面八方发光。要让发射的光朝一个方向传播，需要给光源装上一定的聚光装置，如汽车的车前灯和探照灯都是安装有聚光作用的反光镜，使辐射光汇集起来向一个方向射出。激光器发射的激光，天生就是朝一个方向射出，光束的发散度极小，大约只有 0.001 弧度，接近平行。1962 年，人类第一次使用激光照射月球，地球离月球的距离约 38 万千米，但激光在月球表面的光斑不到两千米。而若以聚光效果很好、看似平行的探照灯光柱射向月球，按照计算其光斑直径将覆盖整个月球。

亮度极高

◆第一台红宝石激光器

在激光发明前，人工光源中高压脉冲氙灯的亮度最高，与太阳的亮度不相上下，而红宝石激光器的激光亮度，能超过氙灯的几百亿倍。因为激光的亮度极高，所以能够照亮远距离的物体。红宝石激光器发射的光束在月球上产生的照度约为 0.02 勒克斯（光照度的单位），颜色鲜红，激光光斑明显可见。若用功率最强的探照灯照射月球，产生的照度只有约一万亿分之一勒克斯，人眼根本无法察觉。激光亮度极高的主要原因是定向发光。大量光子集中在一个极小的空间范围内射出，能量密度自然极高。

颜色极纯

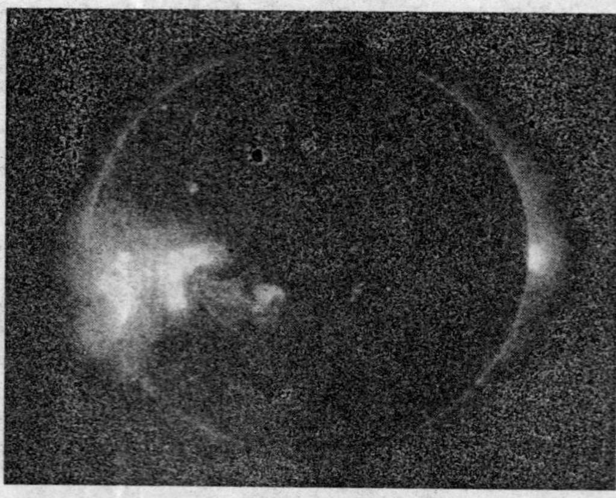
◆世界最强激光，模拟太阳内部温度

光的颜色由光的波长（或频率）决定。光辐射的波长分布区间越窄，单色性越好。

激光器输出的光，波长分布范围非常窄，因此颜色极纯。以输出红光的氦氖激光器为例，其光的波长分布范围可以窄到 2×10^{-9} 米，是氪灯发射的红光波长分布范围的万分之二。由此可见，激光器的单色性远远超过任何一种单色光源。

此外，激光还有其他特点：

相干性好。激光的频率、振动方向、相位高度一致，使激光光波在空间重叠时，重叠区的光强分布会出现稳定的强弱相间现象。这种现象叫做光的干涉，所以激光是相干光。而普通光源发出的光，其频率、振动方向、相位不一致，称为非相干光。

闪光时间可以极短。由于技术上的原因，普通光源的闪光时间不可能很短，照相用的闪光灯，闪光时间是千分之一秒左右。脉冲激光的闪光时间很短，可达到 6 飞秒（1 飞秒等于 1000 万亿分之一秒）。闪光时间极短的光源在生产、科研和军事方面都有重要的用途。

能量密度极大

◆激光雕刻金属

光的能量与频率有关，频率越高，能量越大。激光频率范围 3.846×10^{14} 赫兹到 7.895×10^{14} 赫兹。激光能量并不算很大，但是它的能量密度很大（因为它的作用范围很小，一般只有一个点），短时间里能聚集起大量的能量，用做武器也就可以理解了。

听不到的声音
——超声波

声音——是小溪的潺潺流水，是清晨的花香鸟语，是母亲的嘱咐或爱人的梦呓，总之声音总是在我们耳边萦绕，没有它我们不能了解世界，我们相互之间难以沟通！

乐音也是我们生活中必不可少的一种声音。它带给我们美的享受，古人有《琵琶行》，形象地将琵琶的声音描绘得惟妙惟肖：大弦嘈嘈如急雨，小弦切切如私语。嘈嘈切切错杂弹，大珠小珠落玉盘。间关莺语花底滑，幽咽泉流冰下难。冰泉冷涩弦凝绝，凝绝不通声暂歇。别有幽愁暗恨生，此时无声胜有声。银瓶乍破水浆迸；铁骑突出刀枪鸣。曲终收拨当心画，四弦一声如裂帛。东船西舫悄无言，唯见江心秋月白。

这些声音其实都是声波，靠一定的介质来传播。而其实绝大部分的声音我们都是听不到的，那就是次声波和超声波。下面让我们一起走进声音的殿堂吧……

声波简介

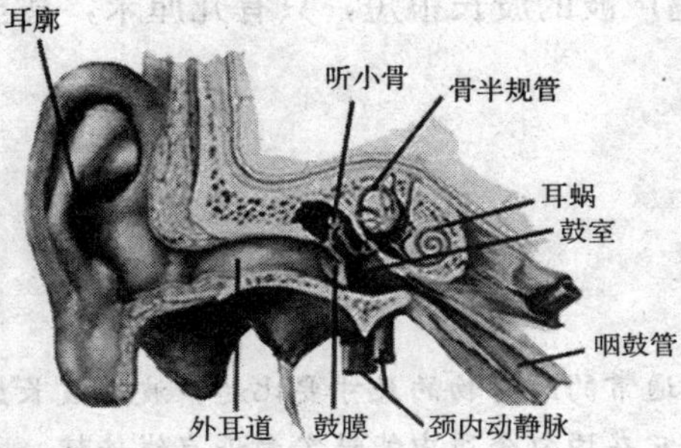

机械振动是指质点在其平衡位置附近做往复的运动。例如：鼓面经过敲击之后，它就会上下振动；琴弦，拨动之后，它也会往复运动；音叉，经过敲击也会发出声音。

声源体发生振动会引起四周空气振荡，那种振荡方式就是声波。声以波的形式传播着，我们把它叫做声波。声波借助各种媒介向四面八方传播。在开阔空间的空气中，那种传播方式像逐渐吹大的肥皂泡，是一种球形的阵面波。声音是指可听声波的特殊情形，例如对于人耳的可听声波，当那种阵面波达到人耳位置的时候，人的听觉器官会有相应的声音感觉。

除了空气，水、金属、木头等也都能够传递声波，它们都是声波的良好介质。在真空状态中声波就不能传播了。人对声音的感觉有一定频率范围，大约每秒钟振动 20 次到 20000 次范围内，即频率范围是 20～20000 赫兹，如果物体振动频率低于 20 赫兹或高于 20000 赫兹，人耳就听不到了，高于 20000 赫兹的频率就叫做超声波，而低于 20 赫兹的频率就叫做次声波。所以说不是所有物体的振动所发出的声音我们都能听到的。另外，要能听到声音还必须有传播声音的介质。

超声波

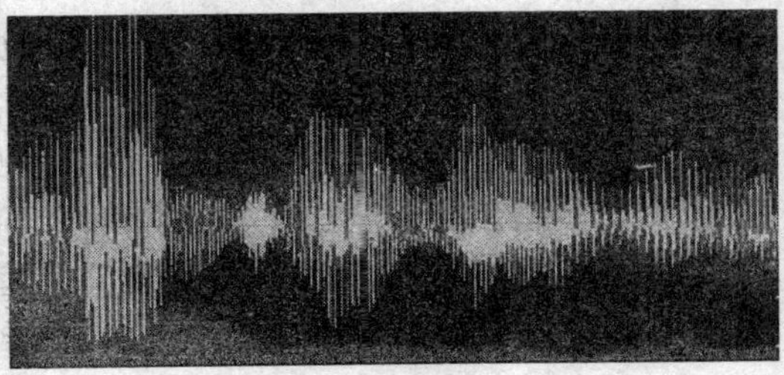

超声波是指频率高于 20000 赫兹的声波，它的产生原理和声波基本相同，只是频率太高，人耳听不到这种声波，而且声波是由于机械振动而产生的一种波，它不是电磁

波（即电磁场交替产生，由近及远的传播），也不能在真空中传播，它需要介质。

超声波在介质中的反射、折射、衍射、散射等传播规律，与可听声波的规律并没有本质上的区别。但是超声波的波长很短，只有几厘米，甚至千分之几毫米。

小知识——超声波的特性

传播特性——超声波的波长很短，通常的障碍物的尺寸要比超声波的波长大好多倍，因此超声波的衍射本领很差，它在均匀介质中能够定向沿直线传播，超声波的波长越短，这一特性就越显著。

功率特性——当声音在空气中传播时，推动空气中的微粒往复振动而对微粒做功。声波功率就是表示声波做功快慢的物理量。在相同强度下，声波的频率越高，它所具有的功率就越大。由于超声波频率很高，所以超声波与一般声波相比，它的功率是非常大的。

空化作用——当超声波在液体中传播时，由于液体微粒的剧烈振动，会在液体内部产生小空洞。这些小空洞迅速胀大和闭合，会使液体微粒之间发生猛烈的撞击作用，从而产生几千到上万个大气压的压强。微粒间这种剧烈的相互作用，会使液体的温度骤然升高，起到了很好的搅拌作用，从而使两种不相溶的液体（如水和油）发生乳化，并且加速溶质的溶解，加速化学反应。这种由超声波作用在液体中所引起的各种效应称为超声波的空化作用。

神奇的动物们

螽斯、蟋蟀、蝗虫、蛾子、蚯蚓、老鼠和鲸鱼等动物，是用超声波进行通信联系的。很多人都知道，蝙蝠和海豚都能发出超声波，但人们最早发现的使用超声波的动物，却是螽斯。“单身汉”螽斯唱的大多是婚曲，它们往往一唱就是好几个小时。其他“单身汉”听到后，会此呼彼应地对唱起来。雌螽斯闻乐赴会，并选中歌声嘹亮者。两只雄螽斯相遇，就高唱“战歌”面对面地摆好阵势，频频摇动触角，大有一触即发之势。当周围出现危险时，螽斯就高奏“报警曲”，闻者便噤若寒蝉，溜之大吉。

海豚的超声语言是颇为复杂的。它们能交流情况，展开讨论，共商大计。1962年，有人曾记录了一群海豚遇到障碍物时的情景：先是一只海豚“挺身而出”，侦察了一番；然后，其他海豚听了侦察报告后，便展开了热烈的讨论；半小时后，意见统一了——障碍物中没有危险，不必担忧，于是它们就穿游了过去。

◆螽斯

尚未发现有发出次声波的动物，次声波对生物是有害的：动物的内脏，有其固有的振动频率，而这种频率也在0.01～20赫兹之间，也就是说，它和次声波的频率相似。这样一来，当外来的次声波不管是自然形成的，还是人为制造的，一旦它的振动频率与动物内脏的振动频率相同或接近时，就会引起各种脏器的共振，这一共振便会使人烦躁、耳鸣、头痛、失眠、恶心、视觉模糊、吞咽困难、肝胃功能失调紊乱；严重时，还会使动物四肢麻木、胸部有压迫感。特别是与动物的腹腔、胸腔和颅腔的固有振动频率一致时，就会与内脏、大脑等产生共振，甚至危及性命。因此动物不会发生自我伤害的次声波。

有很多动物都对次声波很敏感，这往往预示着大地震、海啸、风暴等

◆海豚

◆蝙蝠

自然灾害的来临。

超声波的应用

超声波清洗

◆家用超声波洗菜机

超声波的清洗原理是，由超声波发生器发出的高频振荡信号，通过换能器转换成高频机械振荡而传播到清洗液介质，超声波在清洗液中疏密相间地向前辐射，使液体流动而产生数以万计的微小气泡，存在于液体中的微小气泡（空化核）在声场的作用下振动，当声压达到一定值时，气泡迅速增长，然后突然闭合，在气泡闭合时产生冲击波，在其周围产生上千个大气压的压强，破坏不溶性污物而使它们分散于清洗液中，当固体粒子被油污裹着而粘附在清洗件表面时，油被乳化，固体粒子即脱离，从而达到清洗净化物品表面的目的。

超声波焊接

应用超声波可以对热塑性工件使用熔接、铆焊、成形焊或点焊等多种方法进行焊接。超声波焊接设备既可以独立操作，也可以用于自动化生产环境。那些内置精密电子组件的塑料工件，如微型开关等，就适合使用超声波对其进行焊接。同时，不止一种方法可能被用来对成品进行加工，如焊接软盘和卡带的内部使用铆焊方式，而对其外部的焊接则使用熔接法。

超声波美容

超声波具有频率高。方向性好、穿透力强、张力大等特点。当传播到物质中会产生剧烈的强迫振动，并产生定向力和热能。超声波作用于人体皮肤时便会加强皮肤的血液循环，促进新陈代谢，改善皮肤的渗透性，同时促进药物或各种营养及活性物质经皮肤或粘膜透入，而达到养护皮肤的美容目的。其机械作用可引起细胞振动，增强细胞膜的新陈代谢和通透性，改善血液与淋巴循环，提高组织再生能力，使结缔组织变软。其理化作用主要表现在聚合反应和解聚反应。聚合反应可对损坏组织的再生有较强的促进作用。解聚反应使大分子粘度下降，在超声波作用下使药物解聚。药物粘稠度下降，有利于药物的渗透和吸收，增加药物疗效。

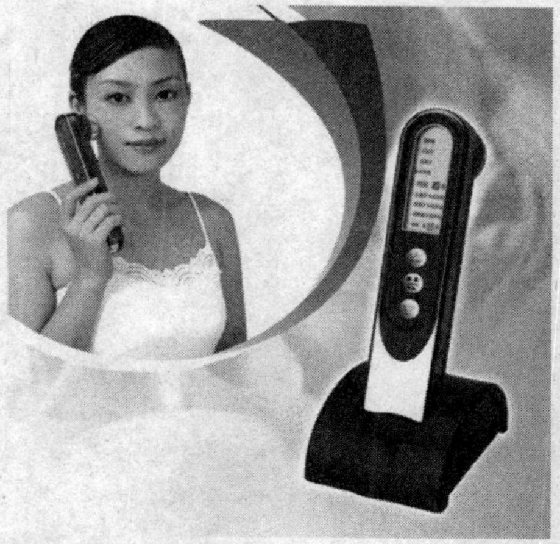

◆超声波美容仪

超声波美容仪的具体功能如下：软化血栓，消除“红脸”。用于脸部微细血管变形、血液循环障碍引起的面部红丝、红斑，以及因螨虫感染而引起的面部红斑或酒糟鼻。

走进影世界

——基本成像原理

生活中有各种各样的光线，看得见的看不见的，都可以用来记录下我们一生中想要留下的美好记忆。但徒有光线还是不行，我们必须要有先进的技术，才能让这些美妙神奇的光线发挥作用。可以用平面镜，可以用球面镜，可以用透镜，还可以将这些镜子组合起来成为更复杂的成像工具。要想用这些镜子，将光变成我们所希望的影，就需要弄清楚它们的成像原理。下面让我们首先弄清楚光为什么可以变成影吧！

“人鉴止水”
——“水镜”成像

“镜子，镜子，墙上的镜子，天下的女人谁最美丽？”众所周知，在《白雪公主》的故事中，邪恶的王后通过镜子占卜，绝对诚实的魔镜就告诉她，正和七个小矮人在一起的令她讨厌的继女“是天底下最美丽的女人”，尽管王后认为她已经吃掉了白雪公主的肝和肺。镜子作为人们每天必备的生活用品已经流传了上千年。人们最早想要认识自己，所用的镜子其实就是水面！旧石器时代，人们想要看到自己的样子，就可以跑到水池边，对着平静的水面看到自己的样子。而到了新石器时代，人们会制作陶器，有的人就制作了陶盆，在盆里盛一些水，等它平静下来，就可以看到自己的样子，这样人们就可以在家里看自己的样子了。应该说这就是镜子的雏形。庄子说过：“人莫鉴于流水，而鉴于止水，唯止能止众止”。

光的传播规律

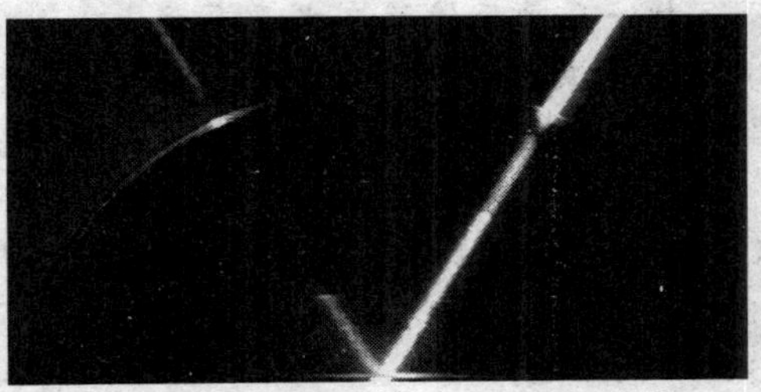
◆光的反射

我们知道光在同一均匀介质中是沿直线传播的，可是当光到了不同介质的分界面上时，就会发生反射现象。

在反射现象中，入射光线、反射光线和法线在同一平面内，入射光线和反射光线分居在法线的两侧，入射角等于反射角。

平面镜的成像

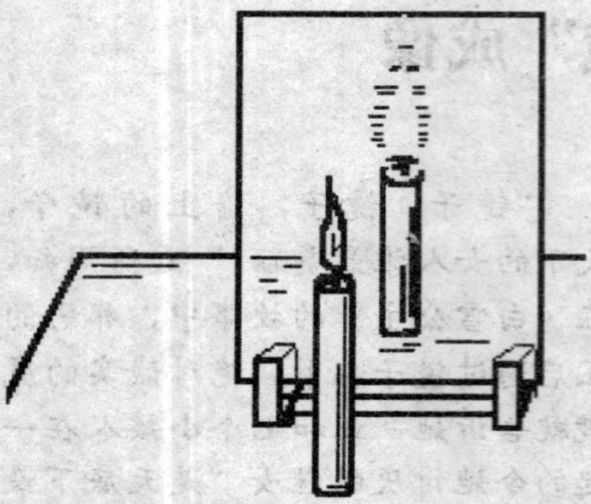

◆观察平面镜成像

在桌面上竖立一块玻璃板作为平面镜，把一支点燃的蜡烛放在玻璃板前面，可以看到玻璃板后面出现蜡烛的像。另外拿一支相同的蜡烛在玻璃板后面移动，直到看上去它跟像完全重合。后一支蜡烛的位置就是前支蜡烛的像的位置。记下两支蜡烛的位置。观察比较蜡烛和它所成的像的大小，它们一样吗？改变点燃的蜡烛的位置，重做上面的实验。量出每次实验中两支蜡烛到玻璃板的距离，并比较它们的大小。

从上面的实验可以看出，无论蜡烛到玻璃板的距离是远还是近，平面镜所成的像和物体到镜面的距离都相等，像与物体大小相同。如果把像和物体的位置用直线连起来，还可以看出，它们的连线与镜面垂直。

动动手——光的反射

光在反射时，遵循什么样的规律呢？

把一个平面镜放在水平桌面上，再把一张纸板竖直的立在平面镜上，纸板上的直线 ON 垂直镜面。

一束光贴着纸板沿某一角度射到 O 点，经平面镜反射，沿另一方向射出，在纸板上描出入射光 EO 和反射光 OF 的径迹。

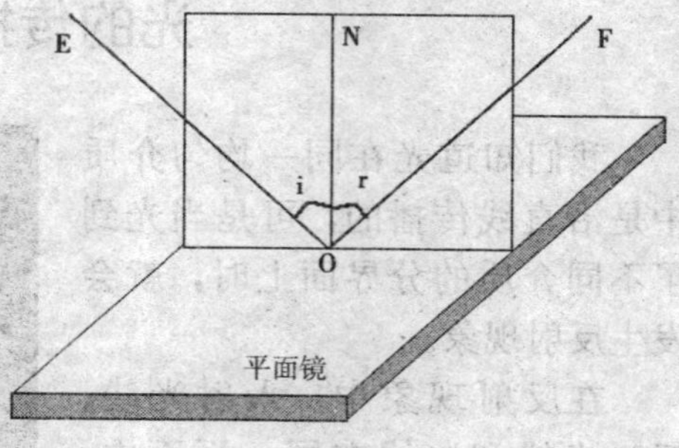

改变入射光的角度再做一次，用其他颜色的笔记录光线。

用量角器，量出入射角和反射角的度数，填入下表。

实验次数	入射角 i	反射角 r
第一次		
第二次		

平面镜的成像特点

1. 像与物的大小相等；
2. 成的像是正立的虚像；
3. 像与物的连线与镜面垂直；
4. 像与物到平面镜距离相等；
5. 像在平面镜的前方。

总的来说，物体与平面镜上成的像于镜面对称。

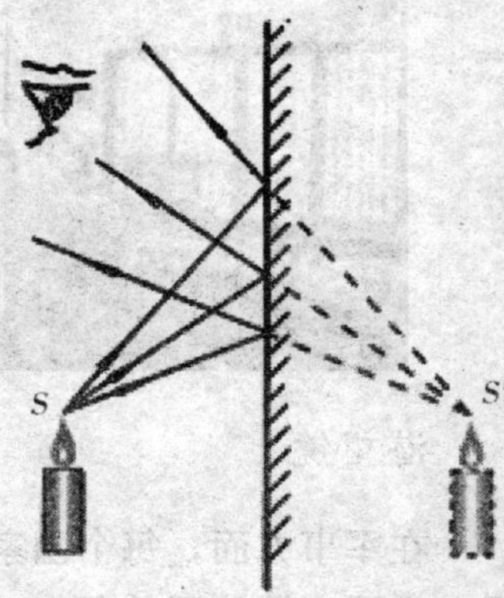

◆平面镜中的像是虚像

平面镜成像的应用

平面镜成像的应用

我们通过照镜子可以正衣冠，可以练习演讲或者练习舞蹈。总之，凡是自己需要看到自己的时候都要用到镜子的。你看：连小猫都要照镜子呢！

爸爸要回来了，我要照照镜子，看我干净不干净

镜子可以扩大空间感

家庭装修时，如果房间比较小，或者狭窄，放一面镜子在墙上，既可以增加房间的亮度，又会使房间显得宽敞。

潜望镜

在军事方面，每个国家的海防力量是非常重要的，它是一个国家的边界，为了守护我国的领海，经常需要巡查和打击目标。除了海面上的舰艇，海下的领域也不可忽视。好在，现代军事武器中有了非常厉害的潜水艇。它可以潜到海面以下，悄悄的打击敌人，同时还能非常好的保护自己。在海下如何能看到海面上的舰艇呢？那就需要潜望镜啦！

◆潜水艇

光线通过两个平面镜的两次反射，偏转了两个 90° 角，就从上面跑到了下面，进入人眼，于是人就可以看到水面以上的景物了！

实验——潜望镜的制作

材料准备：一块 30 厘米×40 厘米的硬纸板，两面 10 厘米×7.5 厘米的小镜子，胶纸，一个圆规，一把剪刀，一把锋利的小刀，铅笔，尺子。

在硬纸板上画三条平行线，从一条长边开始，每隔 7.5 厘米画一条线。在距顶部 7.5 厘米处画一横线，剪掉一个小正方形。另一端的地方剪一个直径大约为 4 厘米的圆孔。

沿三条铅笔线折叠做成一个长方形盒子，用胶纸把两面镜子固定在盒子里面，使镜面对着镜面并与盒子成 45 度角。

在盒子底部粘一硬板纸作底，把剪下来的小方形粘在顶部。潜望镜就做好了。

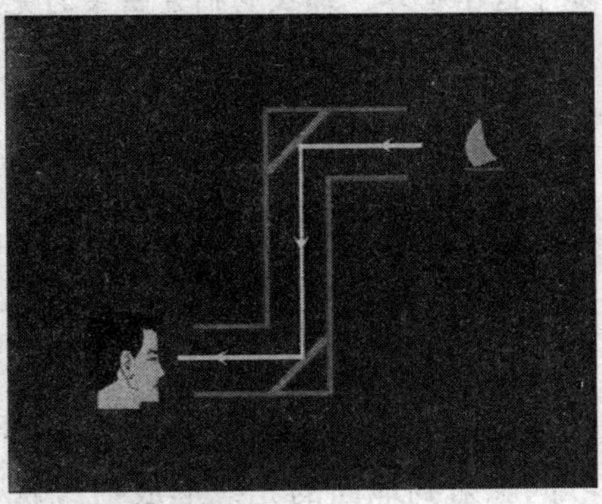

◆潜望镜原理

◆潜望镜中看到的舰艇残骸

倒立的人影
——小孔成像

自然界中有着各种各样的发光体，这些能自己发光的物体我们称之为光源。

美丽的太阳、无私的蜡烛、还有各种各样的灯，这些光源发出的光照亮了这个世界。那么它们发出来的光是如何传播到四面八方的呢?

就让我们一起来探索光的传播吧!

光的直线传播

人们发现了光之后，就在研究光到底是如何传播的。通过对光的长期观察，人们发现了沿着密林树叶间隙射到地面的光线形成射线状的光束，从小窗中进入屋里的日光也是这样。大量的观察事实，使人们认识到光是沿直线传播的。而且光传播的速度还特别的快，每秒钟可以走 30 万千米。

为了证明光的这一性质，大约 2450 年前，我国杰出的科学家墨翟和他的学生做了世界上第一个小孔成倒像的实验，解释了小孔成倒像的原理。虽然他讲的并不是成像而是成影，但是道理是一样的。

小孔成像

早在战国时期，中国古代伟大的科学家墨子进行了世界上最早的“小孔成像”的实验，发现了“小孔成像”的光学原理，《墨经》中有“景倒，在午有端”（译文：影子颠倒，在光线相交下，焦点与影子造成，是所谓焦点的原理）、“景光之人煦若射，下者之人也高，高者之人也下。足敝下光，故景障内也。”（译文：影，光线照人，如果反射，其直若矢。射到下面就反射到高处，射到高处就反射到下面，因成倒影。足遮住下面的光，反射出来成影在上；头遮住上面的光，反射出来成影在下。在物的远处或近处有一小孔，物体为光的直线所射，反映于壁上，故影倒立于屏内。）的记载。

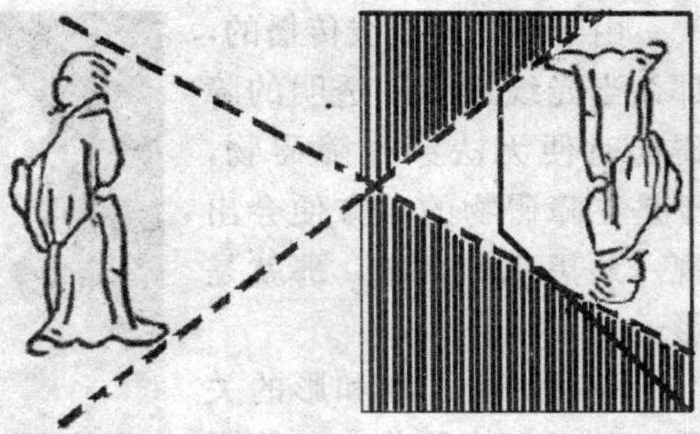

当今世界的摄影术和数码影像说到底都还是源于墨子的小孔成像的发现。相机的光圈就是一个小孔，控制进光的多少，来调节成像的清晰程度。墨子因此被西方称为“摄影光学理论和实践的开创者，是探索光影成像的第一人”。墨子故里滕州，也因此成为世界上“小孔成像”的最早发源地。

我国很早就利用光的这一性质，发明了皮影戏。汉初齐少翁用纸剪的人、物在白幕后表演，并且用光照射，人、物的影像就映在白幕上，幕外

◆皮影戏

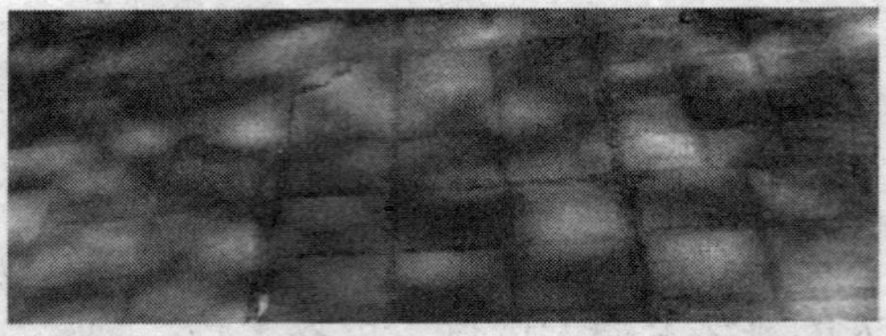

◆树阴下的圆形光斑

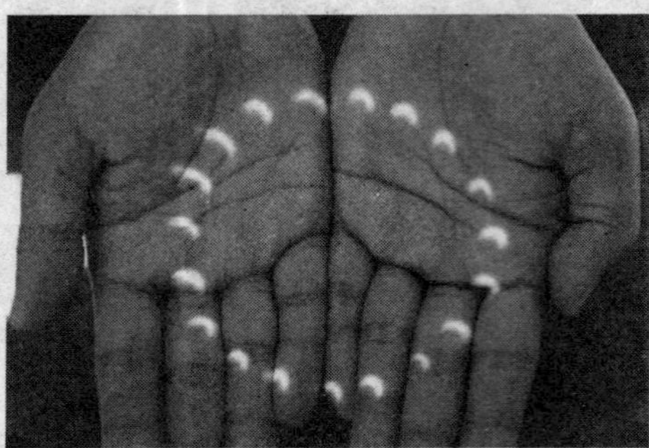

◆日环食时小孔成像的太阳像

的人就可以看到影像的表演。皮影戏到宋代非常盛行，后来传到了西方，引起了轰动。

由于小孔成像，成的是物体的像或影，因此可以反映物体真实的形状。夏天，从树叶的缝隙中透过来的太阳的光斑是圆形的。这一现象，成为科学家证明太阳是圆形的重要依据。

在日环食的时候有人也利用小孔成像得到了非常奇妙的太阳的像。日环食的时候，利用小孔成像我们可以得到奇异的像。

影子的形成

由于光线是直线传播的，那么当光线遇到不透明的障碍物时便无法穿过障碍物，于是在障碍物的后方便会出现一块黑色的区域，那就是影子。

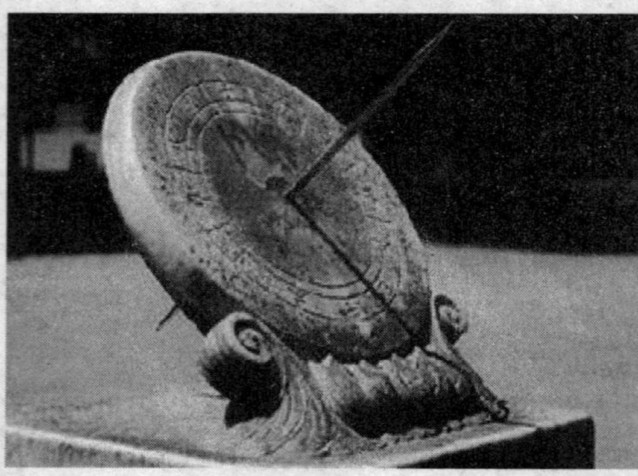

◆利用阳光产生影子记录时间

墨家解释了物和影的关系。飞翔着的鸟儿，它的影也仿佛在飞动着。墨家分析了光、鸟、影的关系，揭开

了影子自身并不直接参加运动的秘密。墨家指出鸟影是由于直线行进的光线照在鸟身上被鸟遮住而形成的。当鸟在飞动中，前一瞬间光被遮住出现影子的地方，后一瞬间就被光所照射，影子便消失了；新出现的影子是后一瞬间光被遮住而形成的，已经不是前一瞬间的影子。因此，墨家得到了“景不徙”的结论，“景”通“影”，就是说，影子不直接参加运动。那么为什么影子看起来是活动着的呢？这是因为鸟飞动的时候，前后瞬间影子是连续不断地更新着，并且变动着位置，看起来就觉得影是随着鸟在飞动一样。

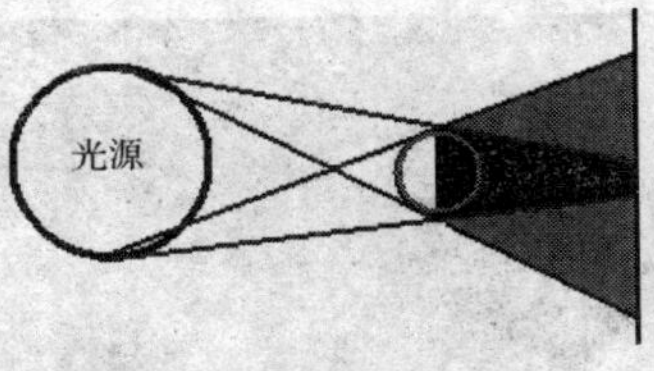

影，又分成本影和半影。如果完全没有光到达，这个区域就成为本影，此处全黑。如果可以有部分光到达，这个区域就称为半影区。

小故事——木板上的“活画”

两千多年以前，我国学者韩非，在他的书里记载了一个有趣的故事：有人请了一个画匠为他画一张画。三年以后，画匠告诉他：“画成了！”他一看，八尺长的木板上只涂了一层漆，什么画也没有，便大发脾气，认为画匠欺骗了他。画匠说：“请你修一座房子，房子要有一堵高大的墙，再在这堵墙对面的墙上开一扇大窗户。把木板放在窗上，太阳一出来，你在对面的墙上就可以看到一幅图画。”他半信半疑，照画匠的话去办。果然，在屋子的墙壁上出现了亭台楼阁和往来车马的图像，好像一幅绚丽多彩的风景画。尤其奇怪的是，画上的人和车还在动，不过都是倒着的！

日食和月食

在古代由于图腾崇拜，各国人民几乎都把太阳或月亮奉为神，庇佑自己的民族。如果遇到日食或月食，自然会认为是凶兆。所以古代关于日食和月食的传说大多和妖怪将太阳和月亮吞噬有关。中国古代就有“天狗吞日”或“天狗吞月”的说法。

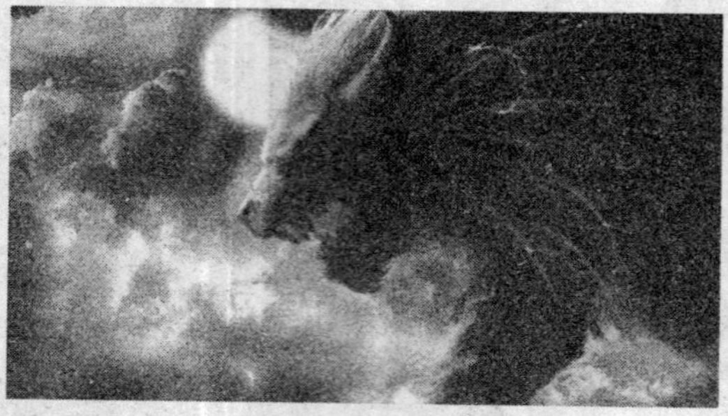
◆天狗食日

传说释迦摩尼10位弟子中有一位名叫"目连"的十分孝顺母亲。但是，目连之母却生性暴戾。天上玉帝知道后，将目连之母打下十八层地狱，变成一只恶狗，永世不得超生。目连日夜修炼，成了地藏菩萨。为救母亲，他用锡杖打开地狱门，目连之母和全部恶鬼都逃出地狱。目连之母变成的恶狗，逃出地狱后，窜到天庭去找玉帝算账。她在天上找不到玉帝，就去追赶太阳和月亮，想将它们吞吃了，让天上人间变成一片黑暗世界。民间就叫"天狗吃太阳"、"天狗吃月亮"。

古代斯堪的纳维亚人部族认为日食是天狼食日；越南人说那食日的大妖怪是只大青蛙；阿根廷人说那是只美洲虎；西伯利亚人说是个吸血僵尸；印度人则说是怪兽。古埃及的太阳教徒相信，存在着一条可以吞食太阳神的蟒蛇。

小知识——日、月食的成因

我们知道，太阳、地球、月亮除了自己的自转以外，月亮会绕着地球转，地球会绕着太阳转。有时候月亮就跑到了太阳和地球的中间，此时就会形成影。本影区的人看到的是日全食，半影区的人看到的是日偏食，特殊区域的人会看到日环食。

◆日食的过程

由于月亮是反射太阳光才被地球上的人所看到，因此当地球在太阳和月球中间时，就会发生月食。当整个月球都在地球的本影区时，出现月全食；当月球只有部分进入地球的本影区时，出现月偏食。由于月地距离很小而日地距离很大，所以月球不会发生月环食。

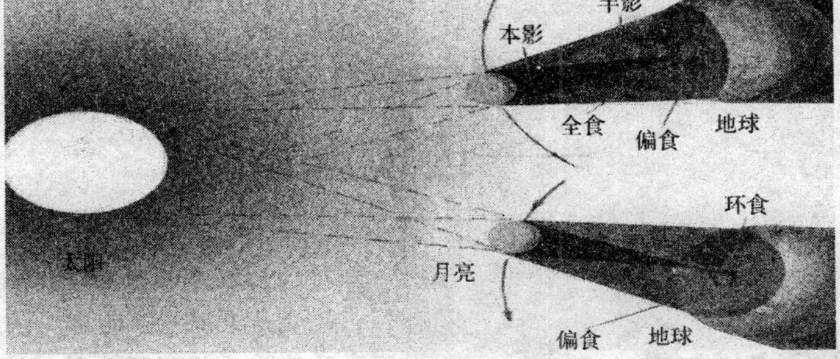

◆日食的成因

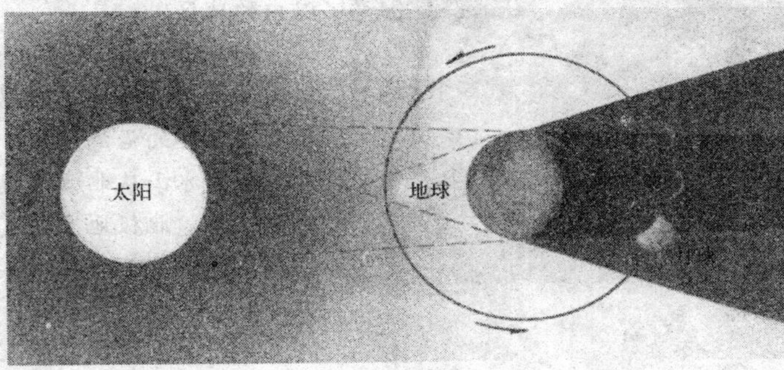

◆月食的成因

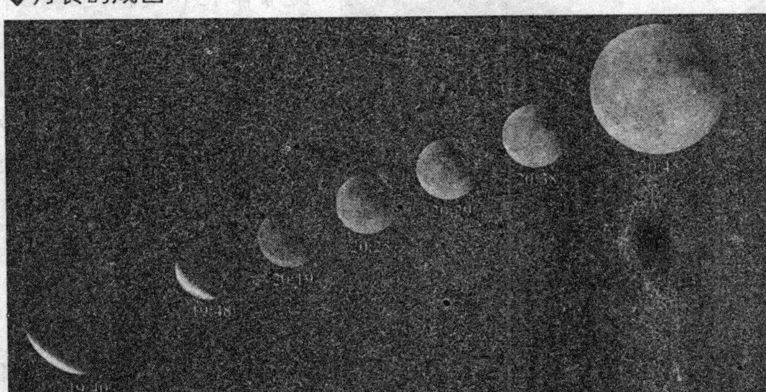

◆某次月食的全过程

水火也相容
——透镜成像

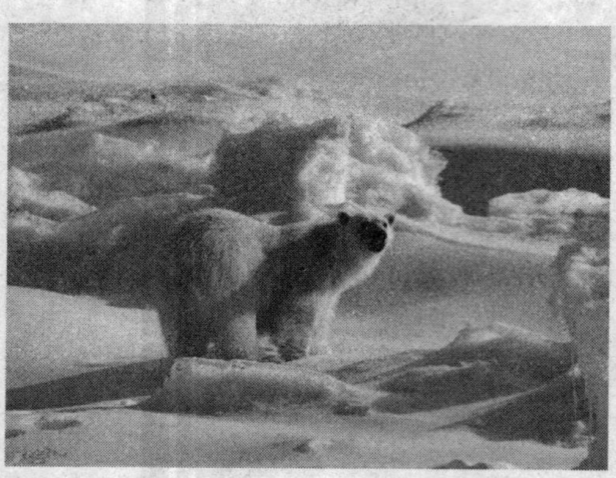

◆北极和北极熊

◆北极驯鹿

北极是指地球自转轴的北端，也就是北纬90°的那一点。北极地区是指北极附近北纬66°34′北极圈以内的地区。

北冰洋是一片浩瀚的冰封海洋，周围是众多的岛屿以及北美洲和亚洲北部的沿海地区。冰冷的海水携带着冰山从北冰洋流入大西洋和太平洋。北极地区的气候终年寒冷。冬季，太阳始终在地平线以下，大海完全封冻结冰。夏季，气温上升到冰点以上，北冰洋的边缘地带融化，太阳连续几个星期都挂在天空。

北极地区有着丰富的鱼类和资源。因此北极也成了许多动物的乐园，例如北极熊、北极狼它们以捕食其他动物为生。还有成千上万的北极驯鹿、麝牛、北极兔。有时还有旅鼠、北极狐、茴鱼、北方勾玉、鳕鱼、白鱼、海豹、海象……

这么奇幻的世界，引来众多科学家的向往，他们纷纷想去北极考察，可是最严峻的问题是：这么冷的地区，到处都是水，如何生火取暖做饭呢？

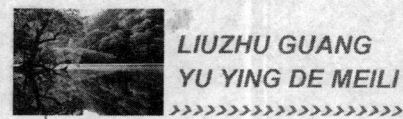

透镜

透镜是用透明物质（如水晶、玻璃等）制成的、表面为球面一部分的光学元件。有凸透镜、凹透镜之分。

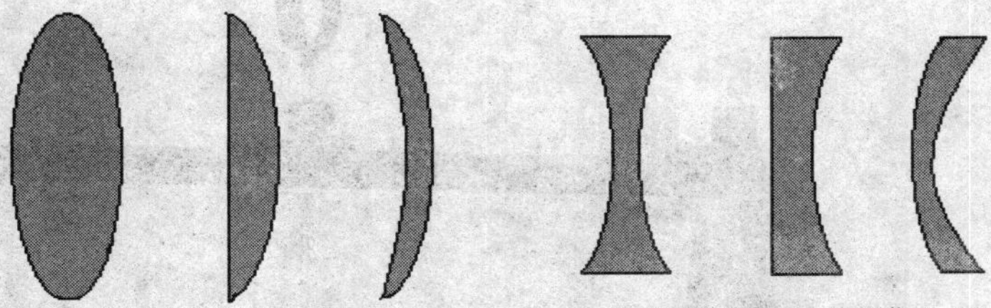

凸透镜：两边薄，中间厚　　凹透镜：两边厚，中间薄

凸透镜具有会聚光线的作用，所以也叫“会聚透镜”、“正透镜”（可用于老花镜）。此类透镜可分为：

a. 双凸镜——两面都磨制成凸球面的透镜；

b. 平凸透镜——为一面凸、一面平的透镜；

c. 凹凸透镜——为一面凸、一面凹的透镜。

凹透镜具有发散光线的作用，所以也叫“发散透镜”、“负透镜”（可用于近视眼镜）。此类透镜又可分为：

a. 双凹透镜——是两面凹的透镜；

b. 平凹透镜——是一面凹、一面平的透镜；

c. 凸凹透镜——为一面凸、一面凹的透镜。

透镜成像原理

当一束平行于主光轴的光线通过凸透镜后相交于一点，这个点称“焦点”，通过焦点并垂直光轴的平面，称“焦平面”。焦点有两个，在物方空间的焦点，称“物方焦点”，该处的焦平面，称“物方焦平面”；反之，在像方空间的焦点，称“像方焦点”，该处的

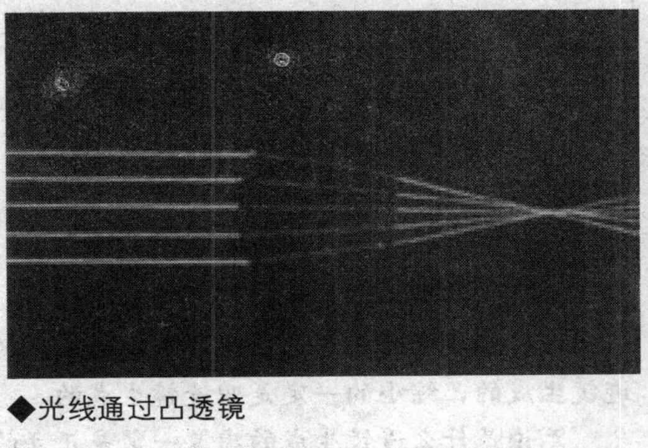

◆光线通过凸透镜

◆研究凸透镜成像的实验仪器

焦平面，称“像方焦平面”。

光线通过凹透镜后，成正立虚像，而凸透镜则成倒立实像。实像可在屏幕上显现出来，而虚像不能。

利用上图所示的实验仪器，我们移动蜡烛和光屏找到凸透镜成像的规律其中 f 指焦距。

物距（u）	像距（v）	倒、正	大、小	虚、实	应用
u>2f	f<v<2f	倒立	缩小	实像	照相机
u=2f	v=2f	倒立	等大	实像	特点：大小分界点
f<u<2f	v>2f	倒立	放大	实像	投影仪；幻灯机
u=f	v=∞	不成像	/	/	特点：虚实分界点
u<f	u>v	正立	放大	虚像	放大镜

讲解——凹透镜成像规律

凹透镜成像规律：只能生成缩小的正立的虚像。成虚像时，若是放大定是凸透镜生成的，缩小的一定是凹透镜生成的。

无论是什么透镜生成的虚像一定是正立的，生成的实像一定是倒立的。

对于薄凹透镜：

当物体为实物时，成正立、缩小的虚像，像和物在透镜的同侧；

当物体为虚物，凹透镜到虚物的距离为一倍焦距（指绝对值）以内时，成正立、放大的实像，像与物在透镜的同侧；

当物体为虚物，凹透镜到虚物的距离为一倍焦距（指绝对值）时，成像于无穷远；当物体为虚物，凹透镜到虚物的距离为一倍焦距以外两倍焦距以内（均指绝对值）时，成倒立、放大的虚像，像与物在透镜的异侧；

当物体为虚物，凹透镜到虚物的距离为两倍焦距（指绝对值）时，成与物体同样大小的虚像，像与物在透镜的异侧；

当物体为虚物，凹透镜到虚物的距离为两倍焦距以外（指绝对值）时，成倒立、缩小的虚像，像与物在透镜的异侧。

如果是厚的弯月形凹透镜，情况会更复杂。当厚度足够大时相当于伽利略望远镜，厚度更大时还会相当于正透镜。

水火相容的原理

冰，也是一种透明的物质，可以被雕刻成许多的形状。当然更容易雕成凸透镜的形状。用冰做成的凸透镜，就叫做冰透镜。

关于冰透镜，早在我国西汉（公元前 206～23 年）《淮南万毕术》中就有记载："削冰令国，举以向日，以艾承其影，则火生。"其后，普朝张华的《博物志》中也有类似记载。

◆冰透镜取火

冰遇阳光会熔化，冰透镜对着太

◆第 9 届全国特殊奥林匹克运动会之圣火

◆梦野（Richard Meng）于 2005 年 4 月 11 日抵达北极点（北纬 90 度，气温－40℃）的照片

阳确能聚光使艾绒着火，令人怀疑。但清代科学家郑复光根据“淮南万毕术”的记载，亲自动手做过一些实验，完全证实冰透镜可以取火。他在“镜镜冷痴”中写道：将一只底部微凹的锡壶，内装沸水，用壶在冰面上旋转，可制成光滑的冰透镜，利用它聚集日光，可使纸点燃。

李双江 2006 年 6 月 21 日中午 12 时在哈尔滨松花江北侧的太阳岛上共同手持取火棒，对准用松花江冰块制成的冰透镜的焦点，成功采集了第四届全国特殊奥林匹克运动会的圣火。

中国北极科考队在解决了难题之后，一路前行，终于将五星红旗插在了北极冰川上。

透镜成像的应用

◆望远镜

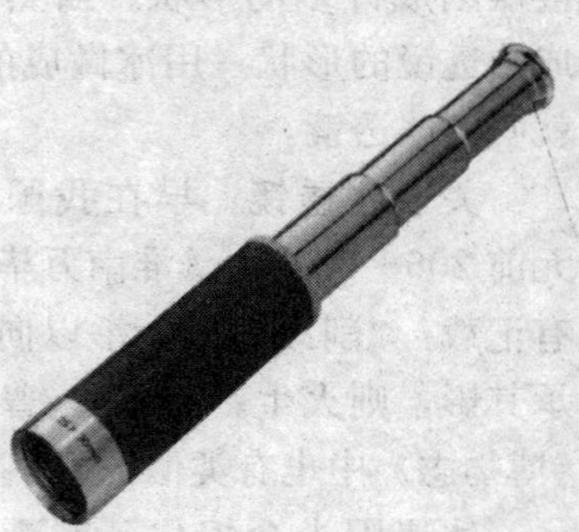

◆单筒望远镜

◆照相机

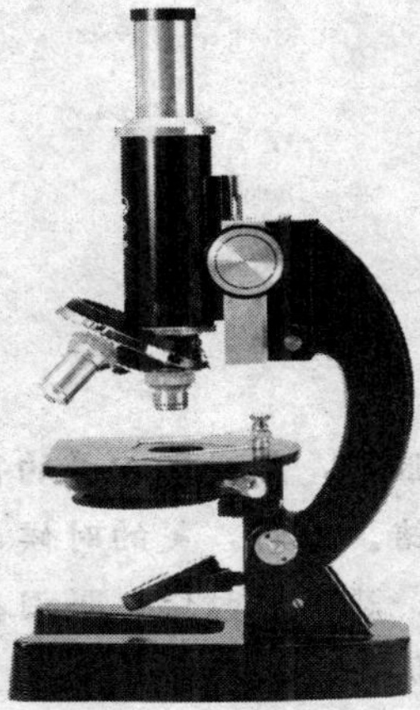

◆显微镜

人们利用凸透镜原理制成了许多有用的东西，除了人们熟知的眼镜，还可以制成照相机，留下精彩瞬间；制成摄像机，记录下历史的足迹；制成望远镜，人人都可以变成千里眼，甚至可以看到外太空，来认识世界和宇宙；制成显微镜，把那些细小的、看不见的微观结构一览无余。

我们不仅惊叹，原来这小小的透镜，不仅可以取火，还上天入地无所不能啊！

心灵的窗户
——眼睛

眼睛，是我们心灵的窗户。我们说透过眼睛，你能看清人的内心，人的情绪。你看，笑的时候，眼睛眯成了一条缝；吃惊的时候，眼睛睁得大大的；悲伤的时候，眼泪在眼睛里转着圈……各种表情，各种心情，眼睛为我们表露无遗。

眼睛还是我们身体的重要器官，是最珍贵的器官。

有了它，我们才能享受光明；

有了它，我们才能懂得美丽；

有了它，我们学习知识；

有了它，我们才能互相交流……

眼睛之所以有那么多的作用，其实主要的原因就是眼睛是最精密的成像工具，它可以将外面的世界，变成影像，让人们体会和感知。没有它的世界，是黑暗的，是单调的，是乏味的。所以，请一起来认识眼睛，保护眼睛，珍惜眼睛吧！

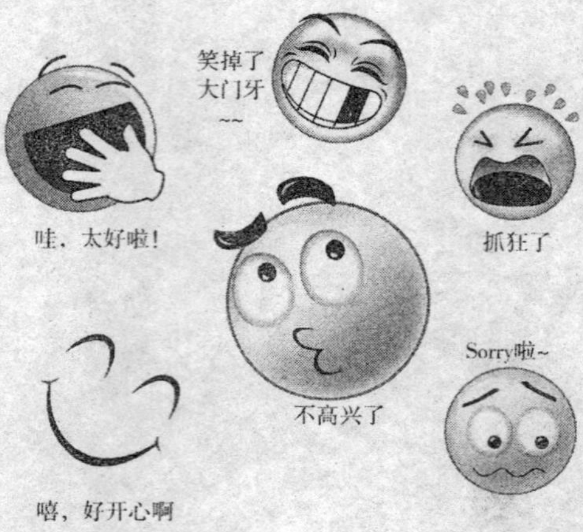

眼睛的结构

眼（又称眼睛，目）是一个可以感知光线的器官。最简单的眼睛结构可以探测周围环境的明暗，更复杂的眼睛结构可以提供视觉。大脑中80%的知识和记忆都是通过眼睛获取的。读书认字、看图赏画、看人物、欣赏美景等都要用到眼睛。眼睛能辨别不同的颜色、不同的光线，再将这些视觉、形象转变成神经信号，传送给大脑。

人的眼睛近似球形，位于眼眶内。正常成年人其前后径平均为24毫米，垂直径平均23毫米。最前端突出于眶外12～14毫米，受眼睑保护。眼球包括眼球壁、眼内腔和内容物、神经、血管等组织。

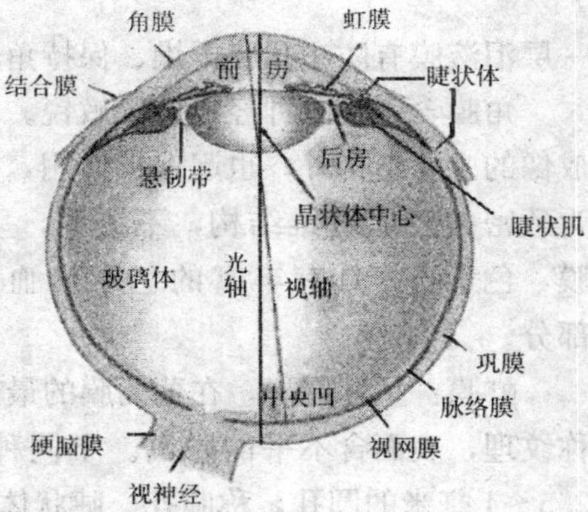

◆眼球的水平切面

眼球壁主要分为外、中、内三层。外层由角膜、巩膜组成。前1/6为透明的角膜，其余5/6为白色的巩膜，俗称“眼白”。眼球外层起维持眼球形状和保护眼内组织的作用。角膜是接受信息的最前哨入口。角膜是眼球前部的透明部分，光线经此射入眼球。角膜稍呈椭圆形，略向前突，横径为11.5～12毫米，垂直径约10.5～11毫米，周边厚约1毫米，中央为0.6毫米。角膜前的

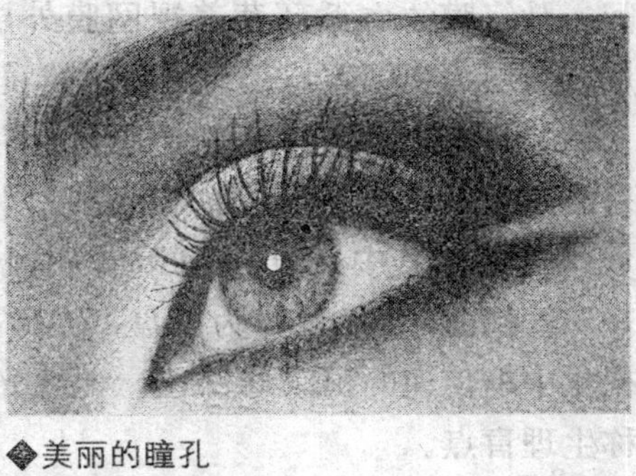
◆美丽的瞳孔

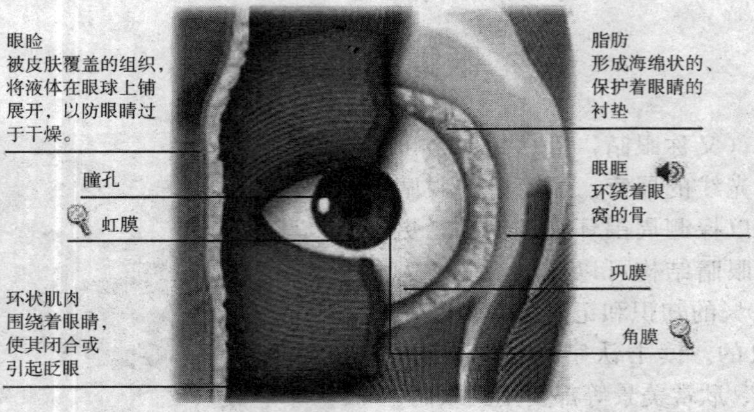

◆眼睛的纵切面

一层泪液膜有防止角膜干燥、保持角膜平滑和光学特性的作用。

角膜含丰富的神经，感觉敏锐。因此角膜除了是光线进入眼内和折射成像的主要结构外，也起保护作用，并是测定人体知觉的重要部位。巩膜为致密的胶原纤维结构，不透明，呈乳白色，质地坚韧。中层又称葡萄膜，色素膜，具有丰富的色素和血管，包括虹膜、睫状体和脉络膜三部分。

虹膜：呈环圆形，在葡萄膜的最前部分，位于晶体前，有辐射状皱褶称纹理，表面含不平的隐窝。不同种族人的虹膜颜色不同。中央有一个2.5～4毫米的圆孔，称瞳孔。睫状体前接虹膜根部，后接脉络膜，外侧为巩膜，内侧则通过悬韧带与晶体赤道部相连。脉络膜位于巩膜和视网膜之间。脉络膜的血循环营养视网膜外层，其含有的丰富色素起遮光暗房作用。内层为视网膜，是一层透明的膜，也是视觉形成的神经信息传递的第一站。具有很精细的网络结构及丰富的代谢和生理功能。视网膜的视轴正对终点为黄斑中心凹。黄斑区是视网膜上视觉最敏锐的特殊区域，直径约1～3毫米，其中央为一小凹，即中心凹。黄斑鼻侧约3毫米处有一直径为1.5毫米的淡红色区，为视盘，亦称视乳头，是视网膜上视觉纤维汇集向视觉中枢传递的出眼球部位，无感光细胞，故视野上呈现为固有的暗区，称生理盲点。

眼内腔和内容物：眼内腔包括前房、后房和玻璃体腔。眼内容物包括

房水、晶体和玻璃体。三者均透明，与角膜一起共称为屈光介质。

房水由睫状突产生，有营养角膜、晶体及玻璃体，维持眼压的作用。晶体为富有弹性的透明体，形如双凸透镜，位于虹膜、瞳孔之后，玻璃体之前。玻璃体为透明的胶质体，充满眼球后 4/5 的空腔内。主要成分为水。玻璃体有屈光作用，也起支撑视网膜的作用。

视神经、视路：视神经是中枢神经系统的一部分。视网膜所得到的视觉信息，经视神经传送到大脑。视路是指从视网膜接受视信息到大脑视皮层形成视觉的整个神经冲动传递的路径。

眼附属器：眼附属器包括眼睑、结膜、泪器、眼外肌和眼眶。眼睑分上睑和下睑，居眼眶前口，覆盖眼球前面。上睑以眉为界，下睑与颜面皮肤相连。上下睑间的裂隙称睑裂。两睑相联接处，分别称为内眦及外眦。内眦处有肉状隆起称为泪阜。上下睑缘的内侧各有一有孔的乳头状突起，称泪点，为泪小管的开口。其主要生理功能是保护眼球，泪液润湿眼球表面，使角膜保持光泽，并可清洁结膜囊内灰尘及细菌。

结膜是一层薄而透明的粘膜，覆盖在眼睑后面和眼球前面。按解剖部位可分为睑结膜、球结膜和穹隆结膜三部分。由结膜形成的囊状间隙称为结膜囊。

泪器包括分泌泪液的泪腺和排泄泪液的泪道。

眼外肌共有 6 条，使眼球运动。4 条直肌是：上直肌、下直肌、内直肌和外直肌。2 条斜肌是：上斜肌和下斜肌。

眼眶是由额骨、蝶骨、筛骨、腭骨、泪骨、上颌骨和颧骨 7 块颅骨构成，呈稍向内向上倾斜、四边锥形的骨窝，其口向前，尖朝后，有上下内外四壁。成人眶深 4～5 厘米。眶内除眼球、眼外肌、血管、神经、泪腺和筋膜外，各组织之间充满脂肪，起软垫作用。

人眼的成像原理

眼睛是灵敏的光学感觉器官，是一切动物与外界联系的信息接受器。

有人把眼球比做一架活的照相机，这是较恰当的。

结构方面：

眼角膜相当于对焦系统和镜头保护镜。

虹膜相当于光圈。

瞳孔相当于镜头。

视网膜相当于胶片或感光芯片。

参数方面：

人眼的焦距：相当于相机的22～24毫米焦距。

精度：大约相当于576万像素。

感光度：在大晴天可以达到1，低照明度下约800，在明亮的环境下，人眼的对比度范围可以达到10000∶1。

光圈值：最大光圈为f/2.1～f/3.8，最小光圈为f/8.3～f/11。

快门：最快快门大概在1/200秒左右。

◆邳苍公路

◆眼中的泰山美景

自然界各种物体在光线的照射下，不同颜色可以反射出明暗不同的光线，这些光线透过角膜、晶状体、玻璃体的折射，在视网膜上显出景物的影景象（倒立的像），构成光刺激。视网膜上的感光细胞（圆锥和杆状细胞）受光的刺激后，经过一系列的物理化学变化，转换成神经冲动，由视神经传入大脑层的视觉中枢，然后我们就能看见物体了，经过大脑皮层的综合分析，产生视觉，人就看清了景物（正立的立体像）。

相机能拍出清晰的照片，要靠调节镜头的焦距。我们的眼睛要看清景物，也要依靠眼睛的调节（通过睫状肌的收缩与松弛完成）。如果视网膜或视神经有病变，物像虽然落在视网膜上，看到的景物就不会清楚。而近视、远视、散光的存在也使光线不能清晰聚焦于视网膜上，因此也是看不清楚景物的主要原因。

远处的树木比近处的树木看起来小得多，远方的高山看起来不如近处的楼房高。人的眼睛看物体为什么总是近大远小呢？

眼睛里的水晶体相当于一个凸透镜，视网膜相当像面。若要看清楚某个物体，必须使它的像落在视网膜上。人眼瞳孔中心对物体的张角与视角相等，所以视角的大小决定了视网膜上物体的像的大小。同样高的两棵树，离开眼睛远的一棵，它的视角比近处的那棵的视角小，因此，远处的树看起来比近处的小，近大远小就是这个道理。

当物体离眼睛太远或太近，就看不清楚了，这是为什么？原来人眼的调节是靠水晶体的作用。当眼睛里的肌肉完全放松时，水晶体的两个曲面的曲率半径为最大，这时远处的物点落在视网膜上形成清晰的像，称这个物点到眼的距离为远点。如果物体在远点以外，人眼就看不清楚了。当物体靠近人眼时，为了看清物体，肌肉就必须压紧水晶体，使它的两个曲率半径变小。当物体移近一定程度，这时水晶体的两个曲率半径已经达到最小，这时物点到眼的距离叫近点。如果物体处于近点之内，由于水晶体的两个曲率半径不能再变小了，使得像落在视网膜之外，因此，物就看不清楚了。

人们都有这样的经验，当物体靠得太近时，人眼就不能区别它们了。这又是为什么呢？由于人眼的瞳孔直径是有限的（在1.4～8毫米之间可以调节），物体发出的光波受瞳孔的限制，将要产生衍射现象，使得一个物点在视网膜上形成一个弥散开的光斑，当两个物点在视网膜上各自形成的弥散光斑互相重叠到一定程度，人眼就分辨不开两个物点了。对瞳孔的直径，在正常情况下，眼睛的分辨物体细节的能力叫分辨率。人眼的分辨角（即刚好能分辨开的两个物点对瞳孔中心的张角）正比于光波的波长，反比于瞳孔的直径。在正常情况下，眼睛的分辨角约为3分，这相当于在1千米远处相距为75厘米的两个物点，也相当于在明视距离（一般的眼睛看眼前25厘米处的物体是不费力的，称这个距离为明视距离）上，相距为0.2毫米的两条线。因此，人眼在明视距离上的分辨率是每毫米5对线，超过这个数就分辨不开了。

名副其实的“千里眼”
——望远镜（一）

古时候人们在夜晚仰望满天星斗和深邃天空的时候，曾经产生过许多美丽的遐想，并留下了不少美好的传说，人们多么希望有一双神奇的眼睛能使得那么遥远而神秘的景物近在眼前。望远镜的发明就是给了人们这只神奇的眼睛。望远镜是一种利用凹透镜和凸透镜观测遥远物体的光学仪器。它使通过透镜的光线折射或光线被凹镜反射，进入小孔并会聚成像，再经过一个目镜放大而看清远处的景物。又称“千里镜”。

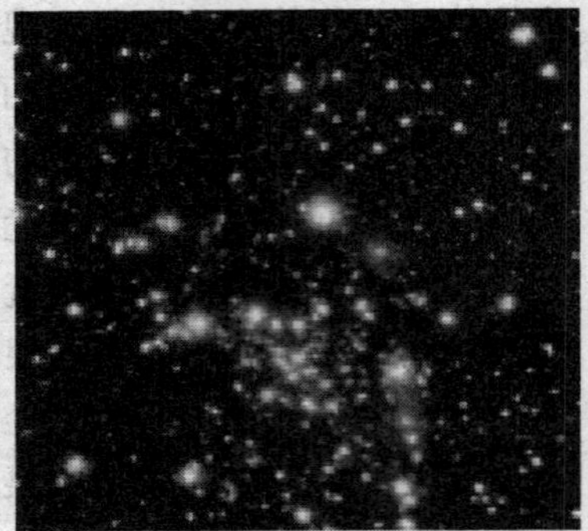

◆望远镜拍下银河系壮观画面

伽利略望远镜

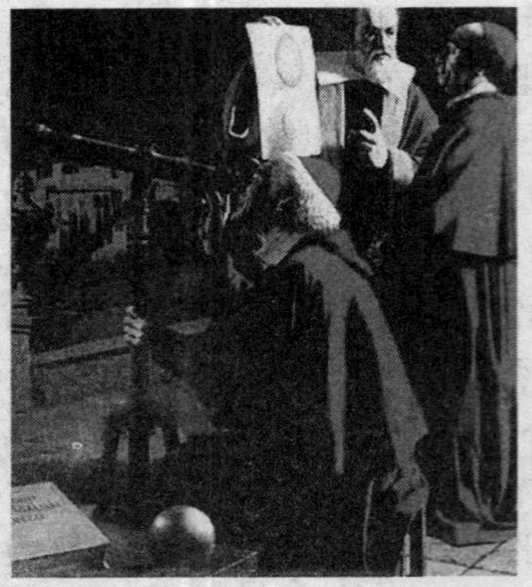

◆伽利略在向人展示用他的望远镜观测的天象

17 世纪初的一天，荷兰小镇一家眼镜店的主人汉斯·利伯希（Hans Lippershey），意外发现他的一个学徒在玩耍中把一凸一凹两块透镜放在眼前，远处教堂的风标突然间就变得异常清晰起来。利伯希马上意识到这是了不起的发现，于是他将两块透镜安装到了一根金属管中，由此造出了世上第一架望远镜。据说小镇好几十个眼镜匠都声称发明了望远镜，不过一般都认为利伯希是望远镜的发明者。利伯希的望远镜倍率在 5～7 之间（与肉眼看到的相比，能将物体放大 5～7 倍）。他并没有试图改良自己的发明，而是申请了专利，并把他的望远镜提供给了荷兰军队。军队试图将其保密，然而数月之内就泄露了秘密，望远镜的复制品也风靡了整个欧洲。

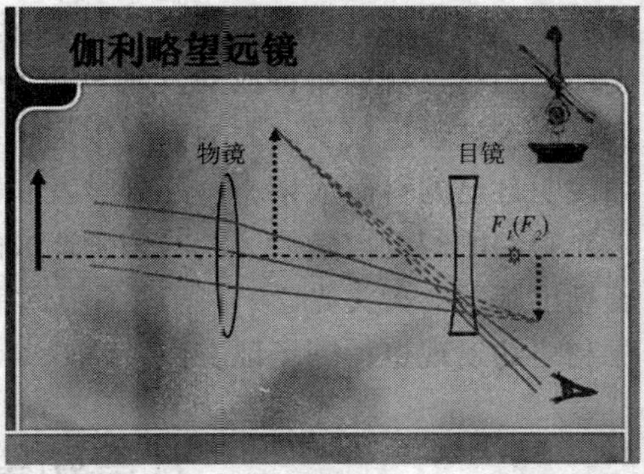

◆伽利略望远镜原理图

就在望远镜发明的次年5月，一个意大利人，即后来被誉为“近代科学之父”的伽利略听说了此事，他稍加思索做出了自己的望远镜。他把一块凸透镜和一块凹透镜放进了一根直径为4.2厘米的铅管，并且将凹透镜一端对准了天空，这次事件被认为是人类历史上第一次使用天文望远镜。

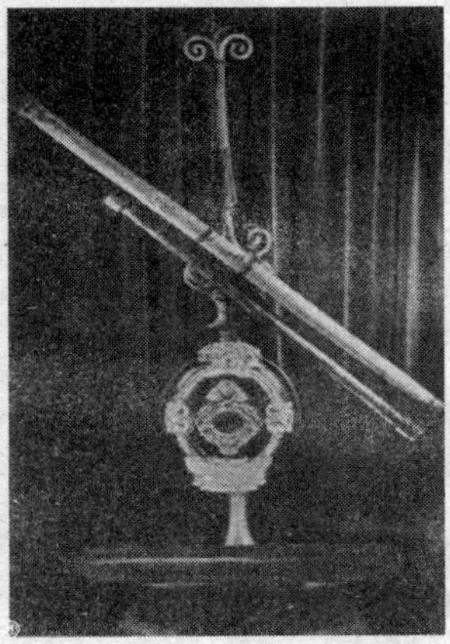
◆伽利略手制的望远镜（左）

◆现代的折射式望远镜（右）

伽利略望远镜和开普勒望远镜都属于折射式望远镜。

这种望远镜比较简单，属于折射望远镜。伽利略在1609年秋天首次使用它来观测月球。后来，他又观测了太阳，见到有黑斑存在并且自东向西移动，由此明白太阳也在进行着自转；他还发现了银河里有着密密麻麻的大片恒星；1610年1月，他还逐次发现了木星的四颗卫星。不过很可惜的是，虽然伽利略发现了木星有"鼓起来的侧耳"，但他一直不知道那就是光环。随后，伽利略将他的发现写成24页的《星座信使》，并公诸于世，但当时未被迅速接受。因为当时望远镜的原理尚未明确，伽利略也无法详细说明自己的科研成果。一部分学者和教会人士认为望远镜里的景象不过是光影上的幻觉，是望远镜的瑕疵造成的。到了1611年，德国天文学家开普勒出版了《天文光学》，阐述了望远镜的原理，"幻觉说"才渐渐消失，伽利略的发现也得到了证实。

开普勒望远镜

◆开普勒

1611年，德国天文学家开普勒用两片双凸透镜分别作为物镜和目镜，使放大倍数有了明显的提高。以后人们将这种光学系统称为开普勒式望远镜。现在人们用的折射式望远镜还是这两种形式，天文望远镜是采用开普勒式。

当时的折射望远镜有一个令人讨厌的缺点，就是在明亮物体周围会产生"假色"。"假色"产生的症结在于通常所谓的"白光"根本不是白颜色的光，而是由红、橙、黄、绿、蓝、靛、紫七种颜色组成的复色光。当光束进入物镜并被折射时，各种色光的折射程度不同，成像的焦点也不同，模糊就产生了。为了获得更好的观测效果，需要用曲率非常小的透镜，这势必会造成镜身的加长。所以在很长的一段时间内，天文学家一直在梦想制作更长的望远镜，许多尝试均以失败告终。

1757年，杜隆通过研究玻璃和水的折射和色散，建立了消色差透镜的理论基础，并用冕牌玻璃和火石玻璃制造了消色差透镜。从此，消色差折射望远镜完全取代了长镜身望远镜。但是，由于技术方面的限制，很难铸造较大的火石玻璃，在消色差望远镜的初期，最多只能磨制出10厘米的透镜。

19世纪末，随着制造技术的提高，制造较大口径的折射望远镜成为可能，随之就出现了一个制造大口径折射望远镜的高潮。世界上现有的8架10厘米以上的折射望远镜，有7架是在1885年到1897年期间建成的，其中最有代表性的是1897年建成的口径102厘米的叶凯士望远镜和1886年建成的口径91厘米的里克望远镜。

◆叶凯士天文台的望远镜是“世界最大透镜”

广角镜——开普勒望远镜成像原理

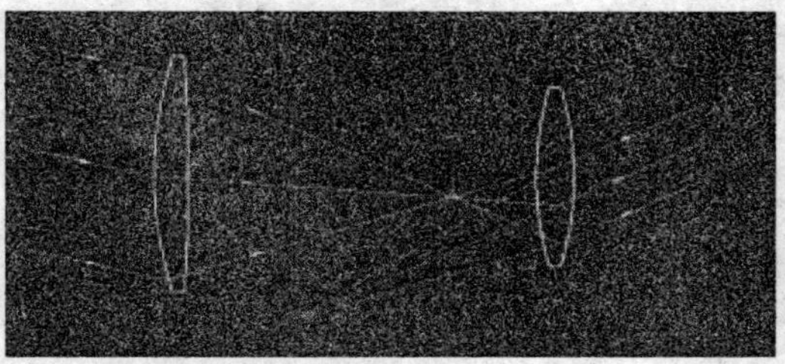

◆开普勒望远镜折射原理图

开普勒望远镜由目镜和物镜组成，物镜的焦距长而目镜的焦距短。天体离物镜非常远，从天体上各点射到物镜上的光线是平行的，经过物镜后，在焦点外距焦点很近的地方，得到天体的倒立缩小的实像，目镜的前焦点和物镜的后焦点是重合的，所以实像位于目镜和它的焦点之间很近的地方，实像对目镜来说是物体，它成的像是放大的虚像。

动动手——做开普勒望远镜

用焦距不同的两个凸透镜观察物体，焦距较小的凸透镜作为目镜，焦距较大的凸透镜作为物镜。

小贴士——折射式望远镜的优缺点

折射望远镜的优点是焦距长，底片比例尺大，对镜筒弯曲不敏感，最适合于做天体测量方面的工作。但是它总是有残余的色差，同时对紫外、红外波段的辐射吸收很厉害。而巨大的光学玻璃浇制也十分困难，到了1897年叶凯式望远镜建成，折射式望远镜的发展达到了顶点，此后的这100年中再也没有更大的折射望远镜出现。这主要是因为从技术上无法铸造出大块完美无缺的玻璃做透镜，并且，由于重力使大尺寸透镜的变形会非常明显，因而丧失明锐的焦点。

实验——自制伽利略式望远

从文化用品商店买一块直径、焦距大一些的眼睛片作为物镜，和一块焦距、直径较小的透镜作为目镜。用胶水和小槽把两块镜片装在硬纸筒内，再做一个简单的台座，于是一架能够看到月亮上的群山、银河中的繁星和木星的卫星的望远镜便制成了。但是，切记不要通过望远镜直接观察太阳，以免高温灼伤眼睛。

人类视觉的延伸
——望远镜（二）

人类凭借着上天赋予的双眼，注视过奔驰的骏马、跳跃的羚羊；遥望过无垠的大海、浩瀚的星空，从而也诞生了无数个目光炯炯的战士、明察秋毫的猎人、仰望天象的智者和“在乎山水之间”的文人墨客，创造了许许多多美丽不朽的神话故事。人类在尽情地使用着这双其实能力非常有限的眼睛。“把我的眼睛放在飞鹰身上”——这古老的诗句说出了人类对知觉自由、对视觉延伸的渴望。

◆海耳508厘米望远镜

光的色散现象

◆牛顿分解白光光谱实验

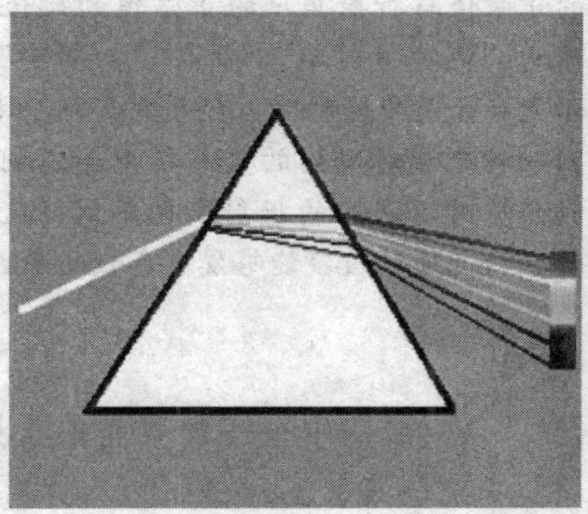

望远镜对于人类的贡献不仅仅是放大与增强光线而已。1666年，牛顿发现光可分解成各种颜色的光谱后，使望远镜朝着不单是一个光线收集器的方向迈出了第一步。牛顿让太阳光束经过一个棱镜后，发现太阳光束展宽成一条由红、橙、黄、绿、蓝、靛、紫组成的色带，而且每一种颜色都逐渐过渡到下一种颜色。其实这就像雨后看到的彩虹，彩虹就是太阳光透过水滴时产生的色散现象。

牛顿所证明的是太阳光（或者说白光）是由多种颜色光组成的复色光。棱镜之所以能够把颜色分开，是因为当光由空气进入玻璃或由玻璃进入空气时，会产生弯曲，也就是折射，各种波长折射的程度不同，玻璃对波长较短的紫光的折射率大，紫光偏折最厉害；而对波长较长的红光的折射率小，所以红光的偏折角度最小。

这个现象解释了早期折射式望远镜的一个重大缺陷，即被观测物体的四周有模糊的光环，这就是光线经过透镜时由色散形成的光谱。

知识库——光的折射现象

光在同一种均匀介质中是沿着直线传播的。但是当光从一种介质进入另一种介质时光线就会发生偏折，这就是光的折射现象。

光从真空射入介质发生折射时，入射角 i 的正弦值与折射角 r 的正弦值的比值叫做介质的“绝对折射率”，简称“折射率”。它表示光在介质中传播时，介质对光的一种特性。同一种光相对不同的介质折射率不同，同一种介质对不同光的折射率也不同，这就是为什么白光通过棱镜能够发生色散的原因。

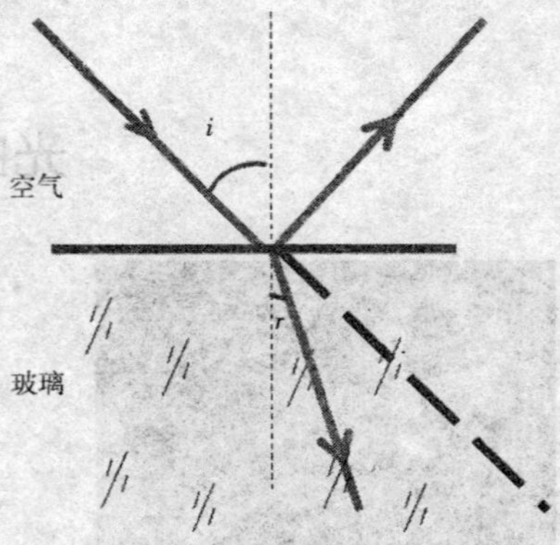

折射率图解

动动手——观察光的折射现象

在空的茶杯里放一枚硬币，移动杯子，使眼睛刚刚看不到硬币，保持眼睛和杯子的位置不变，慢慢地向杯子里倒水，随着水面的升高，观察者看到了硬币，还会发现硬币升高了。

反射式望远镜

只要使用透镜，望远镜就排除不了这种由于色散带来的缺陷，牛顿对此深感失望，因此他于1668年发明了反射式望远镜。他用一面很大的凹镜代替物镜，从遥远的天体发出的平行光线，经凹面镜反射后，向焦点汇聚，这些反射光线在成像以前被一面小平面镜反射到旁侧的目镜，形成实像。这种系统称为牛顿式反射望远镜。它虽然会产生一定的像差，但用反射镜代替折射镜却是一个巨大的成功。

◆牛顿和他的反射式望远镜

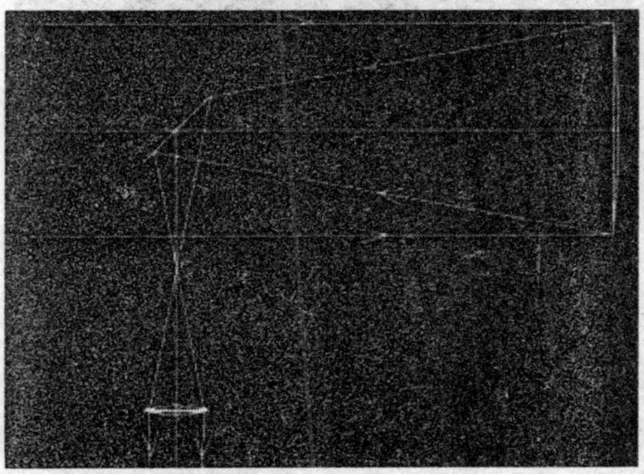

◆牛顿的反射望远镜原理

詹姆斯·格雷戈里在1663年提出一种方案：利用一面主镜，一面副镜，它们均为凹面镜，副镜置于主镜的焦点之外，并在主镜的中央留有小孔，使光线经主镜和副镜两次反射后从小孔中射出，到达目镜。这种设计的目的是要同时消除球差和色差，这就需要一个抛物面的主镜和一个椭球面的副镜，这在理论上是正确的，但当时的制造水平却无法达到这种要求，所以格雷戈里无法得到对他有用的镜子。

1672年，法国人卡塞格林提出了反射式望远镜的第三种设计方案，结构与格雷戈里望远镜相似，不同的是副镜提前到主镜焦点之前，并为凸面镜，这就是现在最常用的卡塞格林式反射望远镜。这样使得经副镜反射的

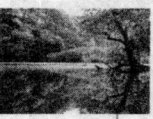

光稍有些发散，降低了放大率，但是它消除了球差，这样制作望远镜还可以使焦距很短。

卡塞格林式望远镜的主镜和副镜可以有多种不同的形式，光学性能也有所差异。由于卡塞格林式望远镜焦距长而镜身短，放大倍率也大，所得图像清晰；既有卡塞格林焦点，可用来研究小视场内的天体，又可配置牛顿焦点，用以拍摄大面积的天体。因此，卡塞格林式望远镜得到了非常广泛的应用。

◆ 赫歇尔望远镜

威廉·赫歇尔是制作反射式望远镜的大师，从 1773 年开始磨制望远镜，一生中制作的望远镜达数百架。赫歇尔制作的望远镜是把物镜斜放在镜筒中，它使平行光反射后汇聚于镜筒的一侧。

◆胡克 254 厘米反射望远镜

1918 年末，口径为 254 厘米的胡克望远镜投入使用，这是由海尔主持建造的。天文学家用这架望远镜第一次揭示了银河系的真实大小和我们在其中所处的位置，更为重要的是，哈勃的宇宙膨胀理论就是研究了胡克望远镜观测的结果后得出的。

知识库——赫歇尔和天王星

天文学家威廉·赫歇尔出生于汉诺威，最初是一个音乐家。17 岁时来到英国，当宫廷歌会的双簧管吹奏者。他一方面以音乐维持生活，另一方面刻苦努力学习

数学和物理。1781年3月13日，这是一个很平常的日子，晴朗而略带寒意的夜晚，跟往常一样，威廉·赫歇尔在其妹妹卡罗琳·赫歇尔的陪同下，用自己制造的一架反射望远镜，对着夜空热心地进行巡天观测。当他把望远镜指向双子座时，他发现有一颗很奇妙的星星，乍一看像是一颗恒星，一闪一闪地发光，引起了他的怀疑。

第二天晚上，他又继续观测。原来这颗星还在移动，尽管这颗星没有朦胧的彗发，也没彗尾，肯定不是一颗恒星。但他以“关于一颗彗星的探讨”为题提出报告。

◆天王星

经过一段时间的观测和计算之后，这颗一直被看作是“彗星”的新天体，实际上是一颗在土星轨道外面的大行星，这就是天王星。一下子太阳系的范围被扩大了整整一倍之多。天王星离太阳约28亿8千多千米，而土星离太阳约14亿千米。

天王星的发现使赫歇尔闻名于世，并被英王任命为皇家天文学家。此后，他致力于天文学，一生中作出过许多贡献。

拓展思考

1. 谁发明了第一架反射式望远镜？
2. 什么是光的折射现象？
3. 你能说说反射式望远镜的成像原理吗？
4. 天王星是谁发现的？

“天上”的“眼睛”
——太空望远镜

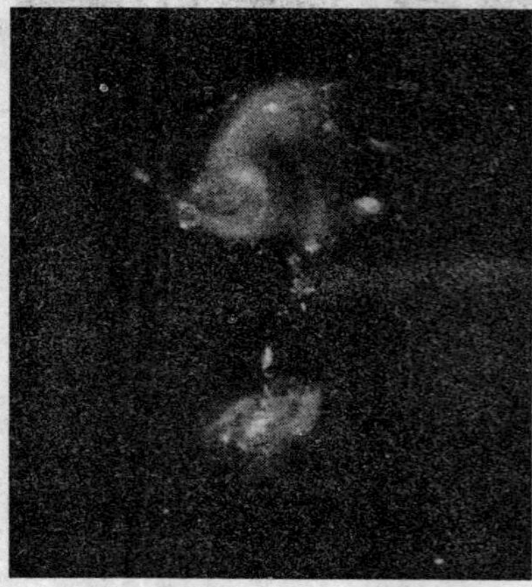

◆哈勃太空望远镜拍摄到宇宙喷泉

太空望远镜一直是天文学家的梦想。因为地球的大气层对许多波段的天文观测影响甚大，在太空设立望远镜意味着把人类的眼睛放到了太空，便可以不受大气层的干扰得到更精确的天文资料。直到20世纪90年代，哈勃望远镜的发射升空，终于实现了天文学家的梦想。如今各种太空望远镜正凭借其惊人的视野与敏锐的“洞察力”，不断地揭开宇宙的奥秘。

射电望远镜

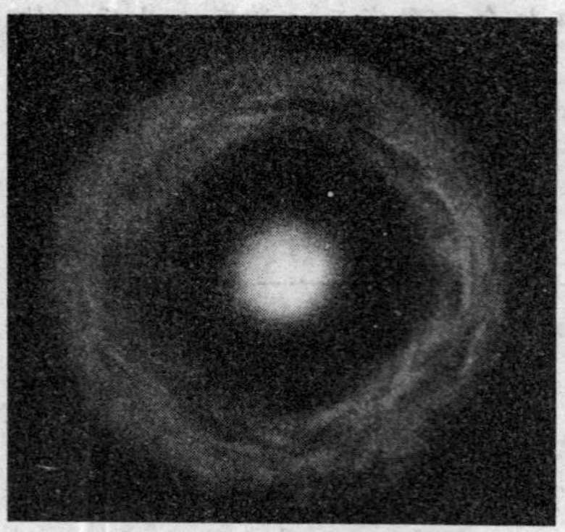

◆美国射电望远镜首次发现奇特的超新星爆炸

20世纪上半叶卡尔·杨斯基（Karl Jansky）用无线电天线探测到来自银河系中心（人马座方向）的射电辐射，发明了无线电波望远镜。这是天文望远镜的一次革命，它使望远镜所能看到的波长范围从可见光延伸到所有电磁波。

1962年，马丁·赖尔（Martin Ryle，1918～1984年）发明了综合孔径射电望远镜，他也因此获得了1974年诺贝尔物理学奖。

◆甚大阵射电望远镜

射电望远镜与光学望远镜截然不同，它是一种射电接收器，专门探测天空中某一区域发出的射电信号，就像光学望远镜只能探测天空中某一区域的光信号一样。它是探测天体射电辐射的基本设备。可以测量天体射电的强度、频谱及偏振等量。通常，由天线、接收机和终端设备三部分构成。天线收集天体的射电辐射，接收机将这些信号加工、转化成可供记录、显示的形式，终端设备把信号记录下来，并按特定的要求进行某些处理然后显示出来。表征射电望远镜性能的基本指标是空间分辨率和灵敏度。前者反映区分两个天体上彼此靠近的射电源的能力，后者反映探测微弱射电源的能力。射电望远镜通常要求具有高空间分辨率和高灵敏度。根据天线总体结构的不同，射电望远镜可分为连续孔径和非连续孔径两大类，前者的主要代表是采用单盘抛物面天线的经典式射电望远镜，后者是以干涉技术为基础的各种组合天线系统。

射电观测是在很宽的频率范围内进行的，检测和信息处理的射电技术灵活多样，所以，射电望远镜种类更多，分类方法多种多样。例如按接收天线的形状可分为抛物面、抛物柱面、球面、抛物面截带、喇叭、螺旋、行波、天线等射电望远镜；按方向束形状可分为铅笔束、扇束等射电望远镜；按观测目的可分为测绘、定位、定标、偏振、频谱、日象等射电望远镜；按工作类型又可分为全功率、扫频、快速成像等类型的射电望远镜。

太空望远镜

目前已有不少太空望远镜在太空中运行，例如：观测可见光波段的哈勃太空望远镜，观测红外波段的斯皮策太空望远镜，观测 X 光波段的钱德拉太空望远镜，观察 γ 射线波段的康普顿太空望远镜（已于 2000 年退役）等。

哈勃望远镜

◆哈勃太空望远镜

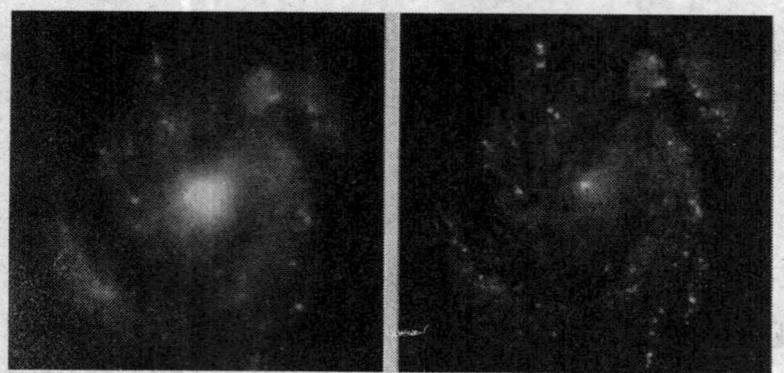

◆哈勃太空望远镜校正光学设备安装前（左）与安装后（右）拍摄的M100星系图像

哈勃望远镜于1990年4月24日由美国发现号航天飞机送上离地面600千米的轨道。其整体呈圆柱型，长13米，直径4米，前端是望远镜部分，后半是辅助器械，总重约11吨。该望远镜的有效口径为2.4米，焦距57.6米，观测波长从紫外的120纳米到红外的1200纳米，造价15亿美元。原设计的分辨率为0.005，为地面大望远镜的100倍。但由于制造中的一个小疏忽，直至上天后才发现该仪器有较大的球差，以致严重影响了观测的质量。1993年12月2～13日，美国奋进号航天飞机载着7名宇航员成功地为“哈勃”更换了11个部件，完成了修复工作，开创了人类在太空修复大型航天器的历史。修复成功的哈勃望远镜在10年内不断提供有关宇宙深处的信息。

哈勃望远镜上面的广角行星相机可拍摄到几十到上百个恒星照片，其清晰度是地面天文望远镜的10倍以上，其观测能力等于从华盛顿看到1.6万千米外悉尼的一只萤火虫。

玩转成像技术

斯皮策太空望远镜

◆斯皮策太空望远镜

斯皮策太空望远镜于 2003 年 8 月 25 日发射升空，是人类史上最大的红外波段太空望远镜，取代了原来的 IRAS 望远镜，斯皮策前身名为 SIRTF。它的观测波段为 3 微米到 180 微米波长，由于地球大气层会吸收部分的红外线，而且地球本身也会因黑体辐射而发出红外线，所以在地球表面无法获得红外波段的天文资料。斯皮策太空望远镜总长度约为 4 米，总重量约 865 千克，它有 1 个 0.85 米的主镜及 3 个极低温的观测仪器，为了避免望远镜本身因黑体辐射而发出红外线干扰观测结果，所以观测仪器温度必须降低到接近绝对零度。除此之外，为了避免太阳热能及地球本身发出的红外线干扰，望远镜本身还包含了 1 个保护罩，而且望远镜在太空的位置刻意安排在地球绕太阳的公转轨道上，在地球后面远远的跟着地球移动。

钱德拉 X 射线太空望远镜

◆钱德拉 X 射线太空望远镜

美国哥伦比亚号航天飞机 1999 年 7 月 23 日升空，把钱德拉 X 射线太空望远镜送到了太空。这一空间天文望远镜将帮助天文学家搜寻宇宙中的黑洞和暗物质，从而更深入地了解宇宙的起源和演化过程。

钱德拉太空望远镜原称高级 X 射线天体物理学设施，后改以印裔美籍天体物理学家钱德拉锡卡的名字来为其命名。钱德拉锡卡于20世纪30年代移居美国，1983年因对恒星结构与演化的研究成果而获诺贝尔奖，“钱德拉”是朋友和同事对他的称呼，梵语有“月亮”和“照耀”的意思。

钱德拉望远镜是美国航宇局（NASA）“大天文台”系列空间天文观测卫星中的第三颗。该系列共由4颗卫星组成，其中康普顿伽马射线观测台和哈勃太空望远镜已分别在1990年和1991年发射升空，另一颗卫星称为太空红外望远镜设施，也就是斯皮策太空望远镜，于2003年发射成功。

詹姆斯·韦伯太空望远镜

◆詹姆斯·韦伯太空望远镜

詹姆斯·韦伯太空望远镜（James Webb Space Telescope）是计划中的红外线观测用太空望远镜。作为将于2010年结束观测活动的哈勃太空望远镜的后续机，计划于2011年发射升空。但因哈勃太空望远镜的修补等延命措施的效果，故发射改期为2013年。系欧洲空间局（ESA）和美国宇航局（NASA）的共同运作计划，放置于太阳—地球的第二拉格朗日点。不像哈勃空间望远镜那样是围绕地球上空旋转，而是飘荡在从地球到太阳背面的150万千米的空间。

詹姆斯·韦伯太空望远镜的主要任务是调查作为大爆炸理论的残余红外线证据，即观测今天可见宇宙的初期状态。为达成此目的，它配备了高灵敏度红外线传感器、光谱器等。为便于观测，机体要能承受极限低温，也要避开太阳光等等。为此，詹姆斯·韦伯太空望远镜附带了可折叠的遮光板，以屏蔽会成为干扰的光源。因其处于拉格朗日点，所以地球和太阳在望远镜的视界里总处于一样的相对位置，不用频繁修正位置也能让遮光板确实地发挥功效。

明察秋毫
——显微镜成像

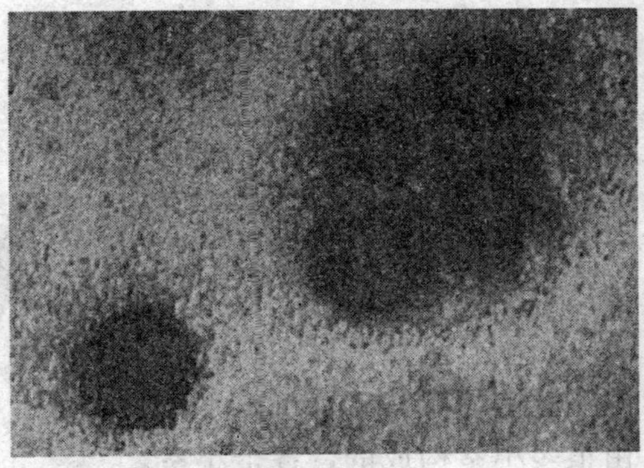

◆显微图像——登革热

在16世纪末之前，人们并没有什么方法可以观察到细胞，甚至还没有人知道细胞的存在，当时的研究只停留在动物和植物的形态、内部结构或生活方式等方面。直到1590年左右，显微镜的发明才使人们发现和认识细胞成为可能。没有显微镜，就不可能发现细胞。从发明显微镜至今的400多年来，显微镜在许多方面得到了改进。显微镜是人类各个时期最伟大的发明物之一，在它发明出来之前，人类关于周围世界的认识局限在用肉眼观察，或者靠手持透镜帮助肉眼看到东西。

显微镜的发展历史

一个偶然的发现——第一台显微镜的发明

1590年，一个晴朗无风的早晨，詹森在楼顶上闲玩。无意中，他把两片凸玻璃片装到一个金属管子里，并用这个管子去看街道上的建筑物，奇怪的事情发生了，教堂高塔上大公鸡的雕塑比原来大了好几倍，这个意外的发现，使詹森兴奋起来，他高兴地跑下楼去，把父亲也拉上楼来观看，一起和他分享这种新发现带来的愉快。当然，偶然性的发现代替不了科学上的发明。值得强调的是，詹森

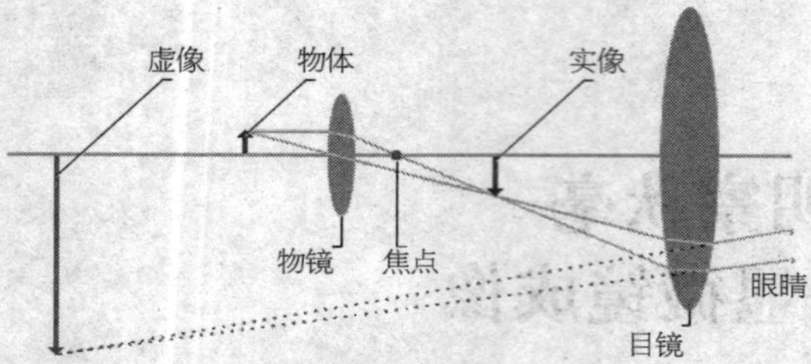

◆复合式显微镜的基本原理

父子俩的修养起了决定作用，他们抓住这个偶然的发现，认真思索，反复实践，用大大小小的凸玻璃片做各种距离不等的配合，终于发明了世界上第一台显微镜。当然，这台显微镜只能称为显微镜家族中的“始祖”，无论是放大倍数还是分辨率都是相当低的。

胡克的显微镜

1665年，罗伯特·胡克根据一会员提供的资料设计了结构相当复杂的显微镜。有一次，他切了一块软木薄片，放在自己制造的显微镜下观察，发现软木片是由很多小室构成的，各个小室之间都有壁隔开，像蜂房似的。胡克给这样的小室取名为“细胞”。其实软木是由死细胞构成的，只是细胞壁，没有原生质。但细胞这个名词就此被沿用下来。

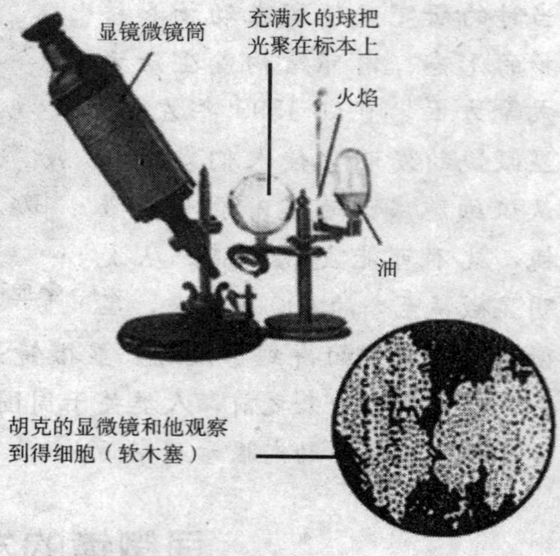

◆胡克的显微镜

列文虎克的显微镜

荷兰人安东尼·冯·列文虎克制造的显微镜让人们大开眼界。列文虎克自幼学习磨制眼镜片的技术，他制造的显微镜其实就是一片凸透镜，而不是复合式显微镜。不过，由于他的技艺精湛，磨制的单片显微镜的放大倍

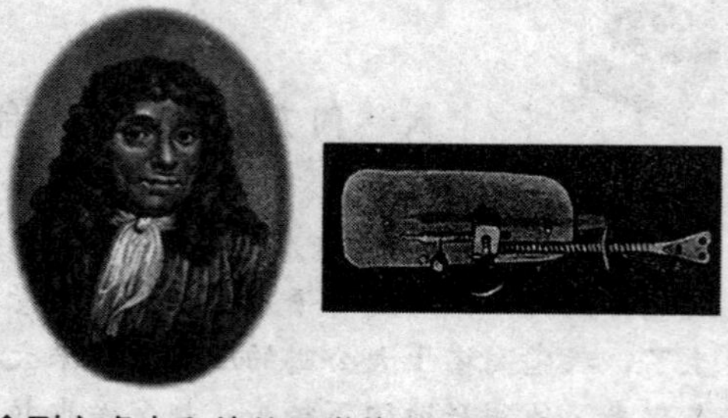

◆列文虎克和他的显微镜

数将近300倍，超过了以往任何一种显微镜。当列文虎克把他的显微镜对准一滴雨水的时候，他惊奇地发现了其中令人惊叹的小小世界：无数的微生物游曳于其中。他把这个发现报告给了英国皇家学会，引起了一阵轰动。

显微镜的种类

18～19世纪，复合式显微镜得到了充分的完善，人们发明了能够消除色差和其他光学误差的透镜组，与现在我们使用的普通光学显微镜相仿。然而，光的波动性毁掉了人类使用它向极小挑战的梦想。因为相邻衍射光斑的互扰，对于使用可见光作为光源的显微镜，它的分辨率极限是0.2微米。任何小于0.2微米的结构都没法识别出来。光学显微镜已经达到了分辨率的极限。

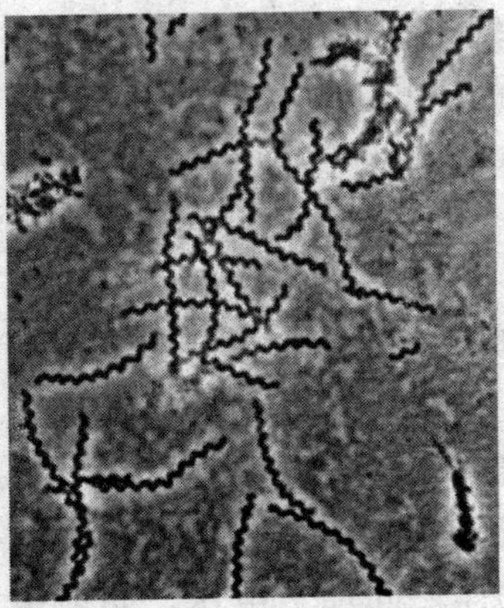

◆光学显微镜下的螺旋菌

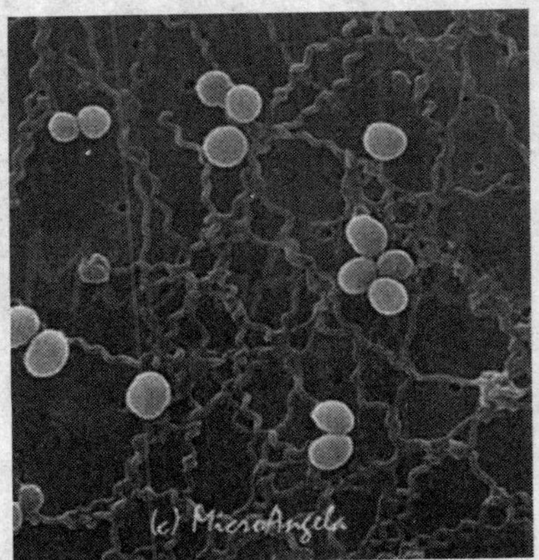

◆电子显微镜下的螺旋菌

电子显微镜

提高显微镜分辨率的途径之一就是设法减小光的波长。根据德布罗意的物质波理论，运动的电子具有波动性，速度越快，它的“波长”就越短。如果能把电子的速度加到足够高，并且汇聚它，就有可能用来放大物体。

1938年，德国工程师克诺尔（M·Knoll）和恩斯特·鲁斯卡（Ernst

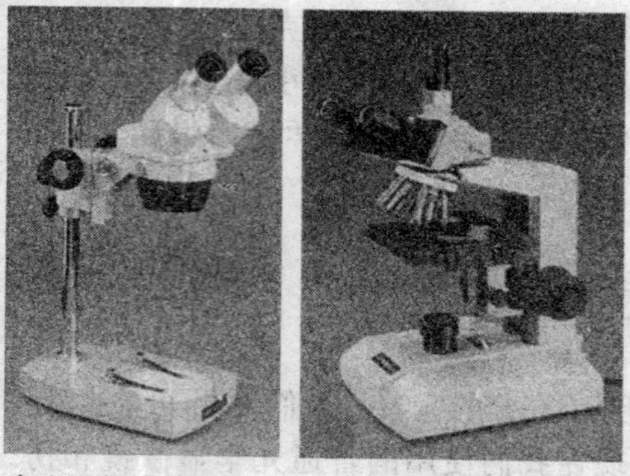

◆光学显微镜

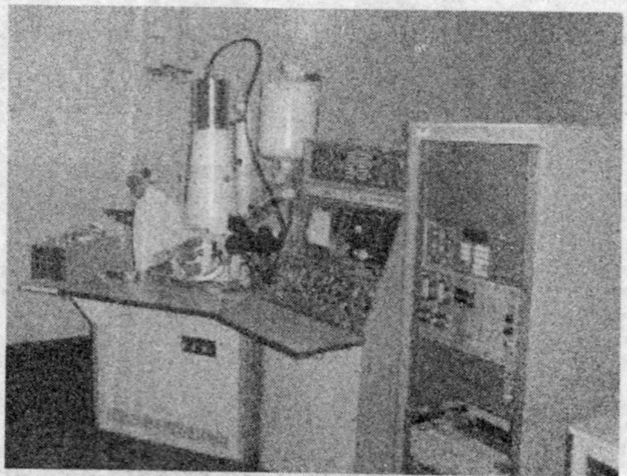

◆扫描电子显微镜

◆扫描隧道显微镜

Ruska）制造出了世界上第一台透射电子显微镜。1952 年，英国工程师查尔斯·奥特利（Charles Oatley）制造出了第一台扫描电子显微镜。电子显微镜是 20 世纪最重要的发明之一。由于电子的速度可以加到很高，电子显微镜的分辨率可以达到纳米数量级。很多在可见光下看不见的物体（例如病毒），在电子显微镜下都现出了原形。

扫描隧道显微镜

1983 年，IBM 公司苏黎世实验室的两位科学家葛·宾尼（Gerd Binnig）和海·罗雷尔（Heinrich Rohrer）利用“隧道效应”原理发明了所谓的扫描隧道显微镜。这种显微镜比电子显微镜更激进，它完全失去了传统显微镜的概念。隧道扫描显微镜没有镜头，它使用一根探针。探针和物体之间加上电压。如果探针距离物体表面很近——大约在纳米级的距离上——隧道效应就会起作用。电子会穿过物体与探针之间的空隙，形成一股微弱的电流。如果探针与物体的距离发生变化，这股电流也会相应地改变。这样，通过测量电流我们就

◆海·罗雷尔

◆葛·宾尼

能知道物体表面的形状，分辨率可以达到单个原子的级别。

因为这项奇妙的发明，葛·宾尼和海·罗雷尔获得了 1986 年的诺贝尔物理学奖。这一年还有一人分享了诺贝尔物理学奖，那就是电子显微镜的发明者鲁斯卡。

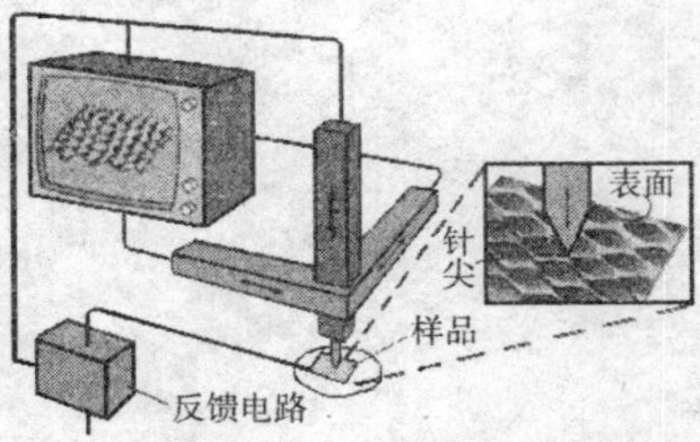

◆荣获 1986 年诺贝尔物理学奖的扫描隧道显微镜的原理示意图

◆用扫描隧道显微镜观察到硅表面 7×7 重构图和硅表面硅原子的排列图

拓展思考

1. 世界上第一台显微镜是谁制造的？
2. 显微镜的发展经历了哪些过程？
3. 各种显微镜的成像原理分别是什么？

留住身边的精彩

——常见的摄影技术

生活中，最常见、最常用的成像工具便是照相机了。由于它的存在，使我们记录下了多少美好的画面，由于它的存在，我们记录下了多少精彩瞬间，由于它的存在，我们见证了多少重大事件，由于它的存在，我们更深更广地了解世界……

◆家庭快乐的美好时光

◆奥运体操女团中国队历史首次夺冠

◆老北京旧照片

◆金碧辉煌的祈年殿

上面这些美丽的图片，都是用照相机记录下的美好画面。既然照相机的用途这么广，我们赶快来研究它的成像原理吧……

神秘的箱子——照相机

照相机，就像是一个神秘的箱子，它既可以让我们通过取景器看到外面的世界，又可以将看到的景物印在胶片上，永远的保留下来。我们都想把这个神秘的箱子打开来看看，但是它的价格不菲，很少有人真的忍心拿它来做实验。下面就让你看看这箱子里到底有什么东西吧！

相机机身的构造

◆机械式照相机

仔细观察手中的照相机，就会发现无论高级相机还是普及相机都是由机身、镜头、光圈、快门、取景器五部分组成，如果使用胶片相机还有输片机构。照相机是集光学、机械和电子为一体的精密仪器。

具体构造如下：

计数窗：用于记录拍到了第几张照片，或者说是第几张

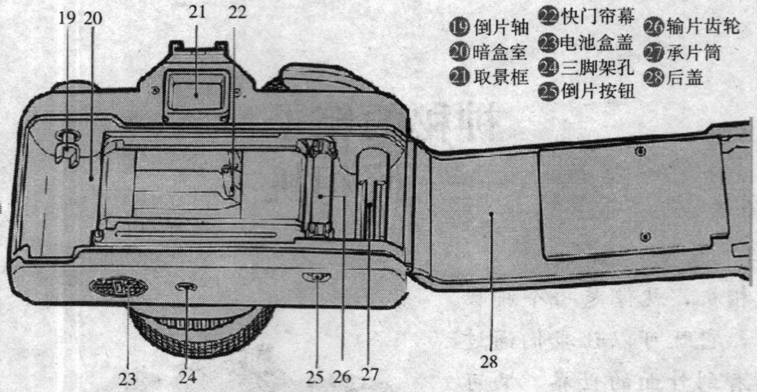

◆机械式照像机的内部结构

胶片。

快门：用于打开快门幕帘，让光照到胶片上。

卷片扳手：每扳动一次，过一张胶片。

快门速度刻度盘：调节曝光时间。

附件插座与 X 触点：一般情况下放置外接闪光灯。

倒片手柄：照完之后可以用它将所有胶卷卷回胶卷盒，防止曝光。

镜头定位记号和镜头装卸钮：安装镜头，并牢固卡住镜头。

自拍定时：自拍时扳下此钮，会过一定时间让快门自动开启，这段时间可以让人跑到想去的位置。

取景器：人眼可以从中取景，看到的景象范围即为拍下的景象范围。

暗盒室：放胶卷盒用。

倒片轴：拉开倒片轴，将胶卷放入，抽出一些胶卷，将胶卷头放入承片筒，胶卷两边的空隙卡在输片齿轮上。这样每扳动一次卷片扳手，承片筒就会把胶卷卷过一张的距离。

倒片按钮：倒片时必须先将其按下，才能倒片。

三脚架孔：安放三脚架可使相机稳固。

后盖：关闭后盖，里面就是全黑的，胶卷不会曝光。

相机镜头的构造

相机的镜头是一个大圆筒，上面有许多的圆圈，还标有数字。这些都是干什么的呢？

这些都是相机镜头的参数，反映了镜头最基本的特征，也是摄影人员必须要了解的参数。它们是：光圈、焦距、物距等。

◆尼康 50 毫米定焦镜头

焦距：是光学系统中衡量光的聚集或发散的度量方式，指从透镜的光心到光聚集之焦点的距离，也是照相机中，从镜片中心到成像平面的距离。

◆相机镜头的剖面图

右图是相机镜头的纵剖面图。我们可以看到相机的镜头实际上是一些凸透镜和凹透镜组合而成的透镜组，它具有汇聚光线的效果。每个透镜具有各自的焦距，但是组合到一起后，会有一个整体上的焦距，而且通过改变它们之间的距离还可以改变这个透镜组的焦距，使这个镜头变成一个变焦镜头。一般来说，焦距越小，聚光效果越好。

一般来说镜头按焦距是否可变分为定焦镜头和变焦镜头。按焦距的长短又可分为：标准镜头、广角镜头、长焦镜头、超长焦镜头。镜头上“f”表示的是焦距，后面的数字表示焦距的长度。标准镜头的焦距 28～70 毫米，如果焦距大于 70 毫米就是长焦镜头，支持望远效果；若是小于 28 毫

◆利用长焦镜头从远处拍摄的大象

◆广角镜头下的天安门

米就是广角镜头，镜头的视角随着焦距变短越来越大。

光圈：就像是我们眼中的瞳孔，可以控制进光量。实际上，光圈是一个由许多金属叶片组成的“孔径光阑”。

这种孔径光阑位于镜头的内部，通过调节光圈来调节中间的圆孔是放大还是缩小，以控制进光的多少。

由于不同的镜头有不同的焦距、不同的直径和光阑的位置，所以孔径也必然不同。这样对于不同的镜头而言，就无法比较镜头的进光能力。因此人们想到用相对孔径来衡量进光量。

即：

$$相对孔径=\frac{镜头焦距}{入射瞳直径}=\frac{f}{d}$$

例如：某个镜头的焦距为 50 毫米，入射瞳直径为 25 毫米，那么该镜头的相对孔径就是 50/25＝2。写成：“f/2”或者是“1：2”。

实际使用中，我们就把“相对孔径”叫做“光圈系数（f—stops）”，简称“光圈”。

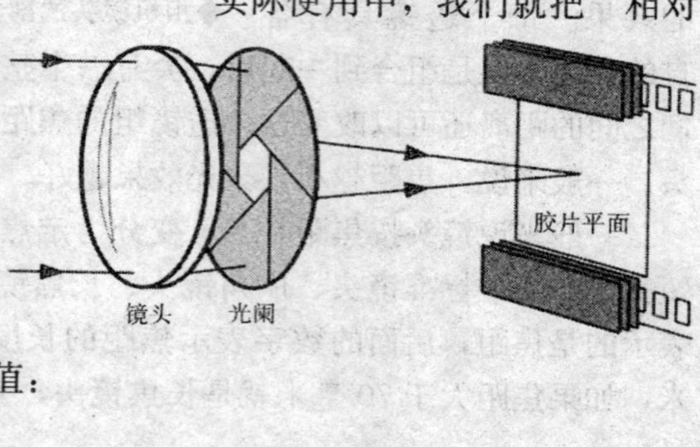

在镜头的标记上，通常都是标记镜头的最大光圈系数，如下图所示：

现在标记镜头的相对孔径都使用了一系列标准化的数值：

◆相机镜头

f/1	f/1.4	f/2	f/2.8	f/4	f/5.6	f/8
f/11	f/16	f/22	f/32	f/45	f/64	

可以看到：每一个数值都与相邻数值有一个倍数的关系，表明后一个数值的通光量为前面一个的一半，前一个数值的通光量是后面一个的两倍。因为根据圆面积的计算公式，镜头通过的光量与 f 系数的平方成反比。

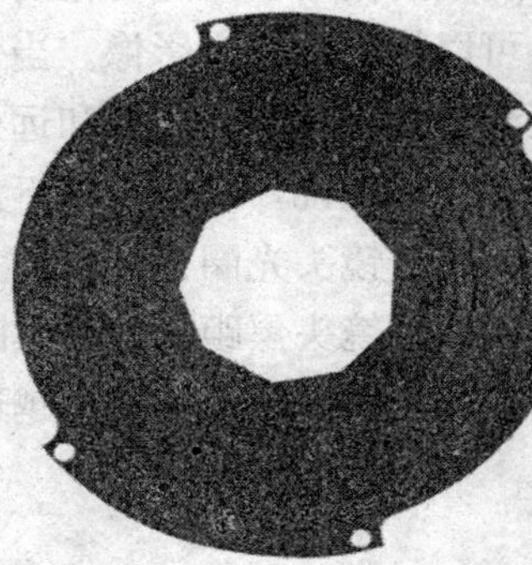

◆常规光圈

比如：f/5.6 的通光量是 f/4 的一半；是 f/8 的两倍。

因此，我们看到，光圈值越大，进光量越少。在烈日炎炎下，我们应该选择比较大的光圈值（即选择小光圈），可以有效地防止曝光过度；在比较昏暗的地方，选择小光圈值增加进光量，以获得好的拍摄效果。

光圈除了控制进光量，同时还控制着景深，这是一个非常重要的概念。

景深

◆不同光圈下的景深

实际上，在任何照片上只有聚焦了的平面才是真正清晰的。然而，在观赏者看来，这一平面前后的物体也可能会显得相当清晰。所以通常情况下景深是指在所调焦点前后延伸出来的"可接受的清晰区域"。景深越大，越多范围内的物体都是清晰的，而景深越小，就只有很少的物体是清晰的。

例如：你在拍摄某个人时，将焦点对在人的眼睛上，底片上他的眼睛就是最清晰的。而这时他的嘴，还有其身后的景物，在最终的照片上也显出可以接受的清晰影像。当你的视线从调焦点眼睛移开时，模糊的程度就逐渐加大。在近处前景和远处背景上的物体离人越远，清晰度就越差。

总体上说，景深与以下几个因素有关：

（1）镜头光圈：光圈越大，景深越小；光圈越小，景深越大；

（2）镜头焦距：镜头焦距越长，景深越小；焦距越短，景深越大；

（3）拍摄距离：距离越远，景深越大；距离越近，景深越小。

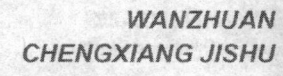

没有胶卷也能照相
——数码相机

◆摄影爱好者

以往出去旅游时，都背着一个光学相机，拿着好几盒胶卷。还要带着电池等用具。虽然看起来是那么的神气，但是背一天的相机也着实累得够呛。如果技术不佳，胶卷没装好，那就白白浪费良辰美景好心情了。再或者照相技术不佳，不是虚了，或是曝光过度，就是曝光不足。总之，对于初学者来讲，想从光学相机入手学习，还是很困难的。但是，有了数码相机，那真是太方便了。它小巧、轻便，易于上手；没有胶卷，不用担心胶卷曝光而丢失照片，而且还可以回放；照得不好，删掉重照，真是好处多多啊……迫不及待想看看数码相机到底长得什么样子啊！

各式各样的数码相机

背着大相机累了吗？换个小的数码相机吧。

潜水时看到这么多好看的海洋生物，不留个影可惜了，那赶快试试潜水数码相机吧。

你是时尚一族？那就用些时尚的数码相机吧！

我可是追求品质的！那就试试专业的数码单反相机。

◆背着大相机累了吗？换个小的数码相机吧！

◆潜水时看到这么多好看的海洋生物，不留个影可惜了，那赶快试试潜水数码相机吧！

◆你是时尚一族？那就用些时尚的数码相机吧！

◆我可是追求品质的！那就试试专业的数码单反相机。

数码相机的成像原理

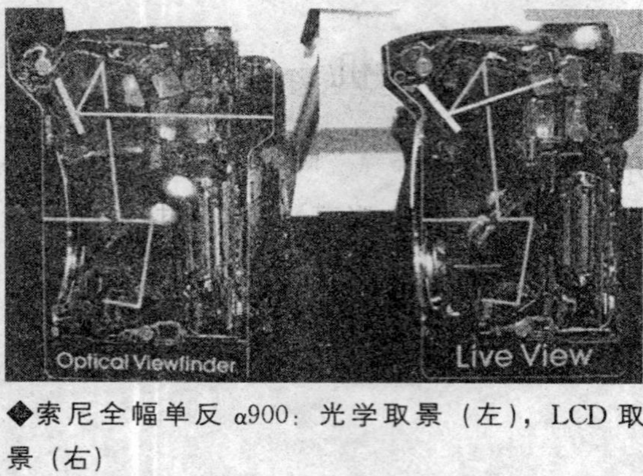

◆索尼全幅单反 α900：光学取景（左），LCD 取景（右）

数码相机的成像原理与光学相机的成像原理相同，都是光线通过镜头汇聚到达底片上，只不过数码相机的底片不再是胶卷而是一些光学传感器。而它的取景装置既可以是光学取景框，也可以是液晶显示屏取景。有些数码相机的取景显示屏还可以转动，使相机更具人性化，更方便使用。

从示意光路图上可见索尼数码相机 α900 的液晶显示器（LCD）取景模式是通过改变光路（注意蓝色线条和黄色线条的区别），让原本到达目镜的光线投射到位于目镜上方的辅助电荷耦合器件从而实现 LCD 取景，而此时反光板不必移动，因此相机依然可以通过 AF 模块进行自动对焦。在这种形式的 LCD 取景模式下，相机的取景—对焦—曝光过程和光学取景时完全一样，因此可以说是当前最高效的 LCD 取景模式。

在存储方面，光线通过与胶片相机相同的镜头照到数码相机的“胶卷”上，数码相机的“胶卷”就是能使其成像的元器件，这些元器件与数码相机结为一体。目前市场上常见数码相机的成像器件有 CCD（电荷耦合器件）和 CMOS（互补金属氧化物半导体）两种，但使用 CMOS 的数码相机数量相对较少。CCD 负责把光线转换为电荷，再通过模拟/数字转换器（ADC）芯片转换成数字信号，然后将信号送到处理器（DSP）处理，最后存储到存储卡上。

功能强大的 CCD

◆CCD 发明者——维拉·博伊尔和乔治·史密斯

CCD 是于 1969 年由美国贝尔实验室（Bell Labs）的维拉·博伊尔（Willard S. Boyle）和乔治·史密斯（George E. Smith）所发明的。当时贝尔实验室正在发展影像电话和半导体气泡式内存。将这两种新技术结合起来后，博伊尔和史密斯得出一种装置，他们命名为“电荷‘气泡’元件”（Charge “Bubble” Devices）。这种装置的特性就是它能沿着一片半导体的表面传递电荷，便尝试用来做成记忆装置，当时只能从暂存器用“注入”电荷的方式输入。但随即发现光电效应能使此种元件表面产生电荷，而组成数码影像。

到了 20 世纪 70 年代，贝尔实验室的研究员已能用简单的线性装置捕

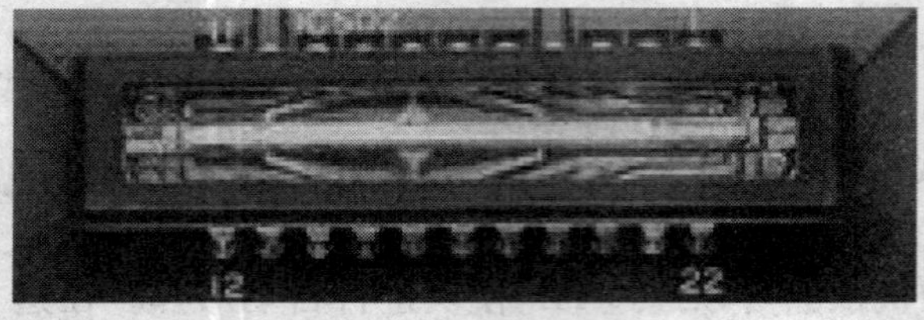
◆传真机所用的线性CCD

捉影像，CCD就此诞生。有几家公司接续此一发明，着手进行进一步的研究，包括快捷半导体（Fairchild Semiconductor）、美国无线电公司（RCA）和德州仪器（Texas Instruments）等公司。其中快捷半导体的产品率先上市，于1974年发表500单元的线性装置和100像素×100像素的平面装置。

CCD，英文全称：Charge－coupled Device；中文全称：电荷耦合器件。可以称为CCD图像传感器。

CCD是一种半导体器件，能够把光学影像转化为数字信号。CCD上植入的微小光敏物质称作像素（Pixel）。一块CCD上包含的像素数越多，其提供的画面分辨率也就越高。CCD的作用就像胶片一样，但它是把图像像素转换成数字信号。CCD上有许多排列整齐的电容，能感应光线，并将影像转变成数字信号。经由外部电路的控制，每个小电容能将其所带的电荷转给它相邻的电容。CCD广泛应用在数码摄影、天文学，尤其是光学遥测技术、光学与频谱望远镜以及高速摄影技术。CCD在摄像机、数码相机和扫描仪中应用广泛，只不过摄像机中使用的是点阵CCD，即包括x、y两个方向用于摄取平面图像，而扫描仪中使用的是线性CCD，它只有x一个方向，y方向扫描由扫描仪的机械装置来完成。

一般的彩色数码相机是将拜尔滤镜（Bayer filter）加装在CCD上。每4个像素形成一个单元，一个负责过滤红色、一个过滤蓝色，两个过滤绿色（因为人眼对绿色比较敏感）。结果每个像素都接收到感光信号，但色彩分辨率不如感光分辨率。CCD使用一种高感光度的半导体材料制成，能把光线转变成电荷，通过模数转换器芯片转换成数字信号，数字信号经过压缩以后由相机内部的闪速存储器或内置硬盘卡保存，因而可以轻而易举地把数据传输给计算机，并借助于计算机的处理手段，根据需要和想象来修改图像。CCD由许多感光单元组成，通常以百万像素为单位。当CCD表面受到光线照射时，每个感光单元会将电荷反映在组件上，所有的感光单元所产生的信号加在一起，就构成了一幅完整的画面。

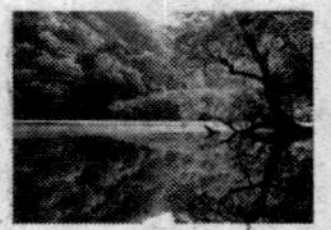

CCD在摄像机里是一个极其重要的部件，它起到将光线转换成电信号的作用，类似于人的眼睛，因此其性能的好坏将直接影响到摄像机的性能。

衡量CCD好坏的指标很多，有像素数量，CCD尺寸，灵敏度，信噪比等，其中像素数以及CCD尺寸是重要的指标。像素数是指CCD上感光元件的数量。摄像机拍摄的画面可以理解为由很多个小的点组成，每个点就是一个像素。显然，像素数越多，画面就会越清晰，如果CCD没有足够的像素的话，拍摄出来的画面的清晰度就会大受影响，因此，理论上CCD的像素数量应该越多越好。但CCD像素数的增加会使制造成本以及成品率下降，而且在现行电视标准下，像素数增加到某一数量后，再增加对拍摄画面清晰度的提高效果变得不明显，因此，一般100万左右的像素数对一般的使用已经够了。

你知道吗?

北京时间2009年10月6日，2009年诺贝尔物理学奖揭晓，瑞典皇家科学院诺贝尔奖委员会宣布将该奖项授予一名中国香港科学家高锟（Charles K. Kao）和另外两名科学家维拉·博伊尔（Willard S. Boyle）和乔治·史密斯（George E. Smith）。高锟因为“在光学通信领域中光的传输的开创性成就”而获奖，维拉·博伊尔和乔治·史密斯因“发明了成像半导体电路——电荷耦合器件图像传感器CCD”获此殊荣。

知识库

CCD的加工工艺有两种，一种是TTL工艺，一种是CMOS工艺，现在市场上所说的CCD和CMOS其实都是CCD，只不过是加工工艺不同，前者是毫安级的耗电量，而后者是微安级的耗电量。TTL工艺下的CCD成像质量要优于CMOS工艺下的CCD。CCD广泛用于工业，民用产品。

——你知道吗

◆一款面阵 CCD

四色 CCD 是索尼公司在 2003 年推出的一种 CCD 新技术。四色即红、绿、蓝、品红（RGBE），相对于传统的三色（红、绿、蓝），四色 CCD 的色彩还原错误率进一步降低。因而使色彩还原更逼真。首款采用四色 CCD 的数码相机是 SONY DSC—F828

数码相机规格表中的 CCD 一栏经常写着“1/2.7 英寸（1 英寸＝2.54 厘米）CCD”等。这里的“1/2.7 英寸”就是 CCD 的尺寸，实际上就是 CCD 对角线的长度。

现有的数码相机一般采用 1/2.7 英寸、1/2.5 英寸和 1/1.8 英寸等尺寸的 CCD。CCD 是受光元件（像素）的集合体，接收透过镜头的光并将其转换为电信号。在像素数一样的情况下，CCD 尺寸越大单位像素就越大。这样，单位像素可以收集更多的光线，因此，理论上可以说有利于提高画质。

但是，数码相机画质的好坏不仅是由 CCD 决定的。镜头以及通过 CCD 输出的电信号形成图像的电路的性能等也能够影响到相机的画质。所谓的“大尺寸 CCD＝高画质”是不正确的。例如，虽然 1/2.7 英寸比 1/1.8 英寸尺寸小，但配备 1/2.7 英寸 CCD 的数码相机并没有受到画质不好的批评。

现在，袖珍数码相机日趋小巧轻便，出于设计上的考虑，其中大多采用 1/2.7英寸的小型 CCD。

顺便说一句，1/2.7 英寸的“英寸”有时也写作“inch”，不过，在这里不是通常的“1 英寸＝25.4 毫米”。由于结合了 CCD 亮相前摄像机上使用的摄像管和显示方式，因此，习惯上采用比较特殊的尺寸。1/2.7 英寸为 6.6 毫米，1/1.8 英寸约为 9 毫米。

小知识——什么是 3CCD 技术？

用三片 CCD 和分光棱镜组成的 3CCD 系统能将颜色分得更好，分光棱镜能把入射光分析成红、蓝、绿三种色光，由三片 CCD 各自负责其中一种色光的成像。所有的专业级数码摄影机和一部分的半专业级数码摄像机多采用 3CCD 技术。

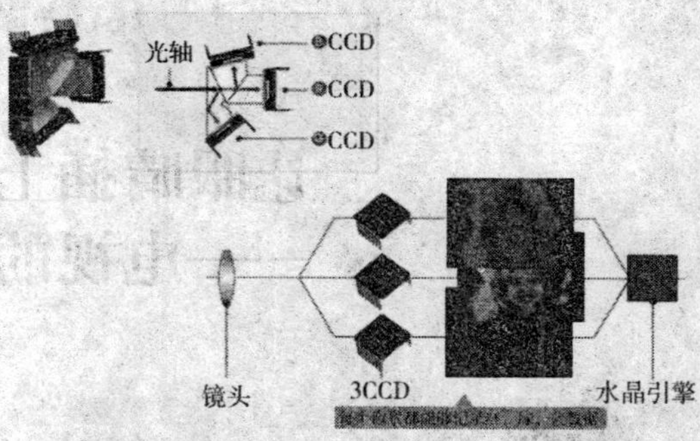

◆3CCD 成像技术

截至 2005 年，超高分辨率的 CCD 芯片仍相当昂贵，配备 3CCD 的高解析静态照相机，其价位往往超出许多专业摄影者的预算。因此有些高档相机使用旋转式色彩滤镜，兼顾高分辨率与忠实的色彩呈现。这类多次成像的照相机只能用于拍摄静态物品。

单 CCD 摄像机是指摄像机里只有一片 CCD 并用其进行亮度信号以及彩色信号的光电转换，其中色度信号是用 CCD 上的一些特定的彩色遮罩装置并结合后面的电路完成的。由于一片 CCD 同时完成亮度信号和色度信号的转换，因此难免不能两全，使得拍摄出来的图像在彩色还原上达不到专业水平的要求。为了解决这个问题，便出现了 3CCD 摄像机。3CCD，顾名思义，就是一台摄像机使用了 3 片 CCD。我们知道，光线如果通过一种特殊的棱镜后，会被分为红，绿，蓝三种颜色，而这三种颜色就是我们电视使用的三基色，通过这三基色，就可以产生包括亮度信号在内的所有电视信号。如果分别用一片 CCD 接受每一种颜色并转换为电信号，然后经过电路处理后产生图像信号，这样，就构成了一个 3CCD 系统。和单 CCD 相比，由于 3CCD 分别用 3 个 CCD 转换红、绿、蓝信号，拍摄出来的图像在彩色还原上要比单 CCD 来得自然，亮度和清晰度也比单 CCD 好。但由于使用了三片 CCD，3CCD 摄像机的价格要比单 CCD 贵很多。

查一查

在我们身边，有哪些著名的数码相机品牌呢?

例如，比较著名的数码相机有：佳能、索尼、尼康、富士、三星、松下、奥林巴斯、卡西欧、宾得、柯达等，价格也在几百元到上万元不等。数码相机以它的人性化和高性能几乎已经取代了胶卷相机。使人们在相机方面也逐渐步入了数码时代。

让眼睛插上翅膀
——电视的诞生

◆1926 年贝尔德发明的电视信号发送装置

电视是 20 世纪人类最伟大的发明之一。在现代社会里，除了报刊、广播等传统媒体，以及网络等新兴媒体，电视是人们获取信息的最重要的途径之一，没有电视的生活实在是不可想象的，而电视的发展也是日新月异。

尼普科夫圆盘

19 世纪 80 年代，德国电气工程师保罗·尼普科夫（Paul Nipkow）用他发明的“尼普科夫圆盘”使用机械扫描方法，作了首次发射图像的实验。“尼普科夫圆盘”也成了电视的老祖宗。

保罗·尼普科夫和他的圆盘

尼普科夫还在中学时代，就对电器非常感兴趣。当时正是无线电技术迅猛发展时期。电灯和有轨电车取代了古老的油灯、蜡烛和马车，电话已出现并得到了普及，海底电缆联通了欧洲和美洲，这一切给人们的日常生活带来了极大的方便。后来他来到柏林大学学习物理学。他开始设想能否用电把图像传送到远方呢？他开始了前所未有的探索。经过艰苦的努力，他发现，如果把影像分成单个像点，就极有可能把人或景物的影像传送到远方。不久，“尼普科夫圆盘”问世了，这是一种光电机械扫描圆盘，它看上去笨头笨脑的，但极富创造性。1884年11月6日，尼普科夫把他的这项发明申报给柏林皇家专利局。一年后，专利被批准了。这是世界电视史上的第一个专利。专利中描述了电视工作的三个基本要素：1. 把图像分解成像素，逐个传输。2. 像素的传输逐行进行。3. 用画面传送运动过程时，许多画面快速逐一出现，在眼中这个过程融合为一。这是以后所有电视技术发展的基础原理，甚至今天的电视仍然是按照这些基本原则工作的。

◆保罗·尼普科夫

机械电视的产生

第一台真正意义上的电视于1925年问世，英国发明家约翰·洛奇·贝尔德(John Logie Baird)在“尼普科夫圆盘”的基础上，发明了机械扫描式电视摄像机和接收机，并首次在相距1.2米远的地方传送了一个“十”字影像，宣告了世界首台电视的诞生，贝尔德也因此被称为“电视之父”。

◆法国人于1928年设计的“semivisor”电视机

几乎在同时，德国科学家卡罗路斯也在电视研制方面做出了令人瞩目的成就。1942年，卡罗路斯小组（包括两名科学家，一名机械师和一名木工）造出一台设备。这台设备用两个直径为1米的“尼普科夫圆盘”作为发射和接收信号的两端，每个圆盘上有48个1.5毫米的小孔，能够扫描48行，用一个同步马达把两个圆盘连接起来，每秒钟同步转动10幅画面，图像投射到另一台接收机上。他们称这台机器

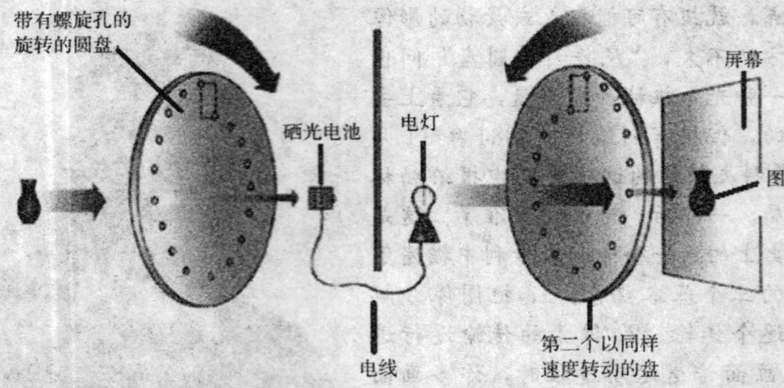

◆保罗·尼普科夫圆盘示意图

◆1946 年的 RCA621TS 电视机

◆1929 年的 Semivisor 电视机

为大电视。这台大电视的效果比贝尔德的电视要清晰许多。但是，他们从未进行过公开表演，因而他们的发明鲜为人知。

1928 年，“第五届德国广播博览会”在柏林隆重开幕了。在这盛况空前的展示会中，最引人注目的新发明——电视机第一次作为公共产品展出了。从此，人们的生活进入了一个神奇的世界。然而，不能否认，机械电视的灵敏度和图像的清晰度不够是它的致命弱点，人们试图寻找一种能同时提高电视灵敏度和清晰度的新方法。于是电子电视应运而生。

电子电视的出现

美国科学家兹沃雷金（Vladimir Kosma Zworykin）开辟了电子电视的时代。1931 年，兹沃雷金制造出比较成熟的光电摄像管，即电视摄像机，并在一次试验中将一个由 240 条扫描线组成的图像传送给约 6.5 千米以外的一台电视机，再利用镜子把 9 英寸（22.86 厘米）显像管的图像反射到电视机前，完成了使电视摄像与显像完全电子化的过程。

◆英国设计公司 Zarach1969 年的作品，像太空舱

随着电子技术在电视上的应用，电视开始走出实验室，进入公众生活之中，开始成为真正的信息传播媒介。而阴极射线管也开始作为电视的核心部件，一直沿用至今。使用阴极射线管为显像部件的电视，被简称为 CRT 电视。

名人介绍——贝尔德

约翰·洛奇·贝尔德（John Logie Baird）1888 年 8 月 13 日生于苏格兰的赫林斯伯拉。英国工程师，机械式扫描电视的发明者。

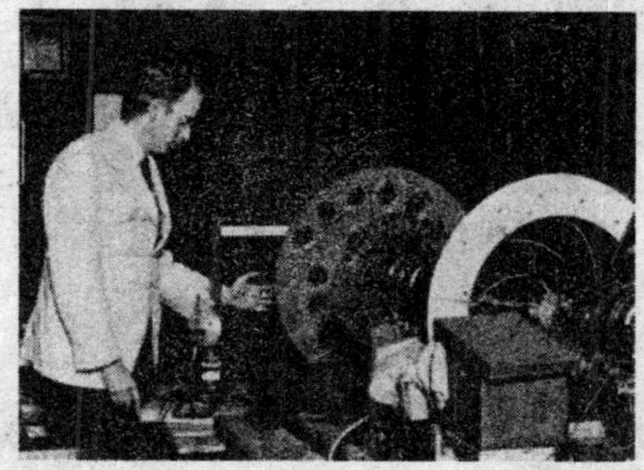

◆ 约翰·洛奇· 贝尔德在做实验

20 世纪初期，无线电技术广泛运用于通信和广播以后，人们希望有一种能够传播“现场实况”的电视机。世界上许多科学家都在着手研究。

1906 年，18 岁的英国青年贝尔德雄心

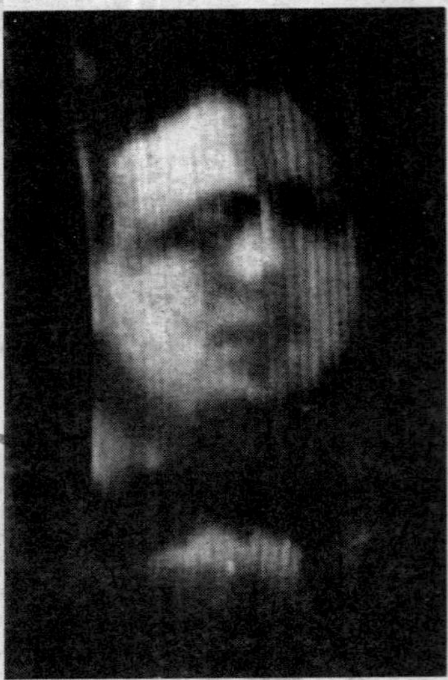

◆最早传播的图像

◆约翰·洛奇·贝尔德

勃勃，开始研究电视机。贝尔德家境贫寒，没钱购置研究器材，只得就地取材，把一只盥洗盆与从旧货摊觅来的茶叶箱相连，作为实验的基础设备。箱子上安放着一台旧马达，用它来转动“扫描圆盘”。这扫描圆盘是用马粪纸做成的，四周戳着一个个小孔，可以把场景分成许多明暗程度不同的小光点发射出去。这样，一台最原始的、只值几英镑的电视机便问世了。

经过18年夜以继日的努力，他终于看到了胜利的曙光。1924年春天，他把一朵“十字花”发射到3米远的屏幕上，虽然图像忽隐忽现、十分不稳定，但是，它却是世界上第一套电视发射机和接收器。

接着，他想到应该把图像发射得远一些、清晰一点。他把几百节干电池串联起来，使电压达到了2000伏，这样，马达就会转动得更快，使“扫描”图像的速度加快，以达到理想的效果。可是，他在操作时太大意了，不当心左手触到了一根裸露的电线上。他只觉得浑身一麻，就被弹了出去，倒在地上不省人事。幸亏被人及时发现，对他进行了抢救，贝尔德才得以幸存。

第二天，伦敦《每日快报》用“发明家触电倒地”的大标题报道了他触电的新闻，也介绍了他不懈努力研究的情况。

经过不断探索并在亲友的资助下，1925年10月2日，贝尔德的实验有了突破，他将一个表演用的玩偶的脸的图像发射到了屏幕上，而且十分逼真，眼睛、嘴巴甚至眉毛和头发都清晰可见。一架有实用意义的电视机宣告诞生了。

百家争鸣
——电视的种类

1958 年，我国的第一台黑白电视机诞生。20 世纪后半叶，中国人大多亲身经历了电视的变迁。那时候，电视是很稀罕、很值钱的物件，它在改变着我们的生活，影响着我们的精神世界。尤其对于那个年代的小孩来说，随着电视而来的动画片成为了最美好的记忆。

◆中国生产的第一台黑白电视机

最早的电视——CRT 电视

◆世界上第一台彩色电视机

早期的电视机大多是 9 英寸（22.86 厘米）、12 英寸（30.48 厘米）、14 英寸（35.56 厘米）的黑白电视机。20 世纪 90 年代后，黑白电视基本退出市场，彩电大规模上市，开始用斑斓的色彩装点我们的生活。

1950 年 3 月 29 日，美国无线电公司向外界展示了一种全电子彩色电视显像管。该公司主席戴维·萨尔诺夫同时宣布：“我们已经踏上电视新纪元的门槛——彩色电视时代”。这天，美国无线电公司实际上展出了两只彩色显像管。一只使用单支电子枪，而另一只使用三支电子枪，以产生彩色图像。

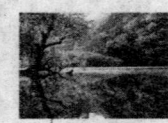

这两只彩色显像管的规格与现行的黑白电视机相同。此前，哥伦比亚广播公司已经开始研制一种使用机械扫描盘产生彩色图像的电视机，而无线电公司生产的这种显像管，最大的优点是观众可以使用他们家中现有的线路。

如今，电视变化的速度越来越快，CRT 电视（显像管电视）已逐渐退出历史舞台。现在的电视屏幕不断变大，厚度不断变薄，功能不断增多。

原理介绍——CRT 电视成像原理

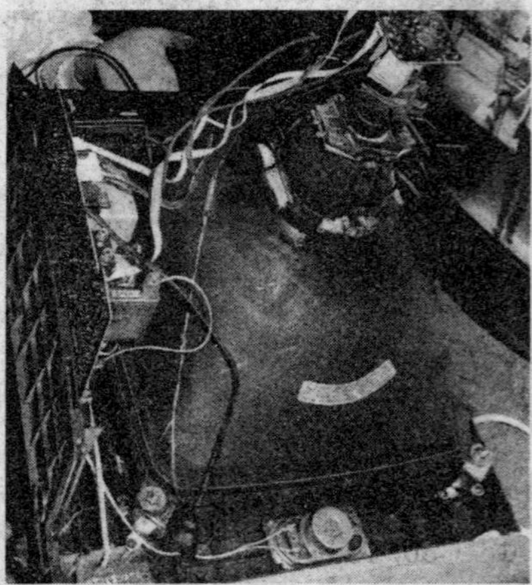

◆ 电视机显像管实物图

CRT 显像管，也称为阴极射线管，主要由五部分组成：电子枪、偏转线圈、荫罩、荧光粉层以及金属外壳。

经典的 CRT 显像管使用电子枪发射高速电子，经过垂直和水平的偏转线圈控制高速电子的偏转角度，最后高速电子击打屏幕上的荧光物质使其发光，通过电压来调节电子束的功率，就会在屏幕上形成明暗不同的光线以及各种图案和文字。

彩色显像管屏幕上的每一个像素点都由红、绿、蓝三种涂料组合而成，由三束电子束分别激活这三种颜色的磷光涂料，以不同强度的电子束调节三种颜色的明暗

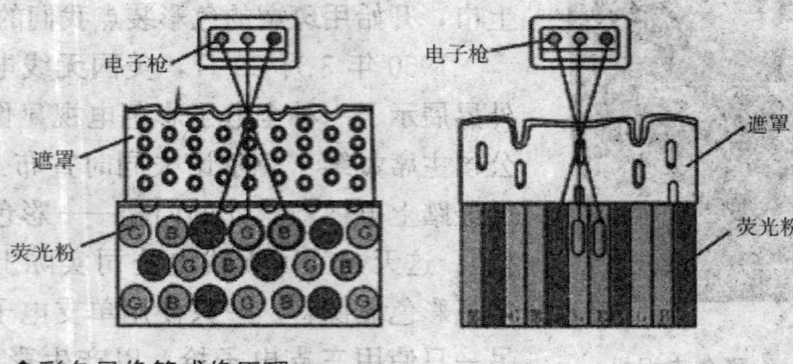

◆彩色显像管成像原理

程度就可得到所需的颜色，这非常类似于绘画时的调色过程。如果电子束瞄准得不够精确，就可能会打到邻近的荧光涂层，这样就会产生不正确的颜色或轻微的重像，因此必须对电子束进行更加精确的控制。

大体上讲，显像管分为球面显像管和纯平显像管两种。所谓球面指的是显像管的断面就是一个球面，这种显像管在水平和垂直方向都是弯曲的。而纯平显像管无论在水平还是垂直方向都是完全的平面，失真会比球面管小一点。

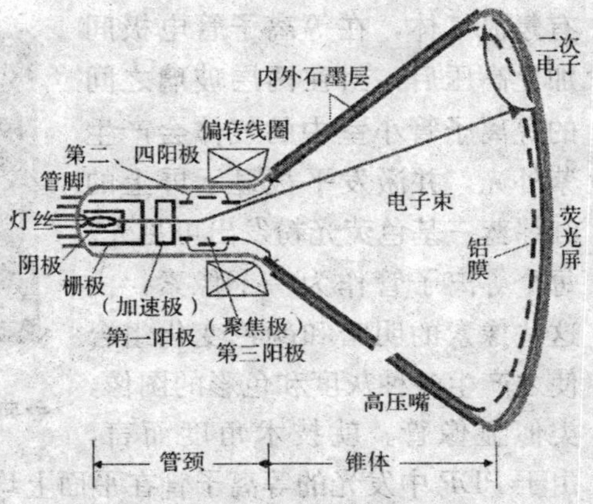

◆“CRT 显像管”示意图

等离子电视机原理

1964 年 7 月，美国伊利诺伊州立大学的科学家们首次提出 PDP 等离子体显示的概念。PDP 全称是 Plasma Display Panel，即我们所说的等离子。PDP 是一种利用惰性气体电离放电发光的显示装置。

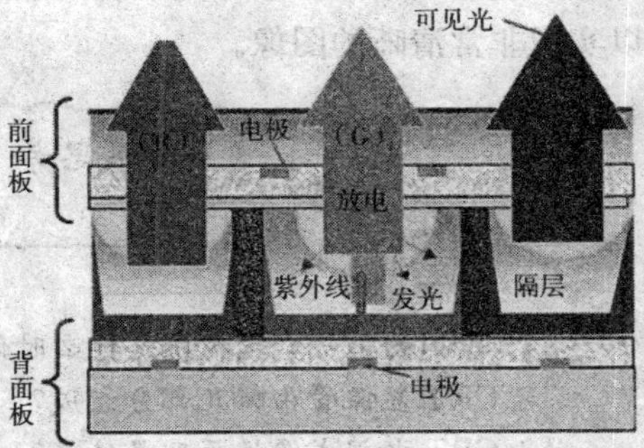

◆等离子发光显示原理

等离子电视是通过在两张薄玻璃板之间充填混合气体，施加电压使之产生离子气体，然后使等离子气体放电并与基板中的荧光体发生反应，从而产生彩色影像的电视产品。

◆典型的等离子电视

等离子电视以等离子管作为发光元件，大量的等离子管排列在一起构成屏幕，每个等离子对应的每个小室内都充有氖氙气体，在等离子管电极间加上高压后，封在两层玻璃之间的等离子管小室中的气体会产生紫外光，并激发平板显示屏上的红绿蓝三基色荧光粉发出可见光。每个等离子管作为一个像素，由这些像素的明暗和颜色变化组合使之产生各种灰度和色彩的图像，类似显像管。就技术角度而言，

◆典型的等离子电视

由于PDP中发光的等离子管在平面上均匀分布，这样显示图像的中心和边缘完全一致，不会出现扭曲现象，实现了真正意义上的纯平面，并且没有任何图像失真。显示过程中没有电子束运动，不需要借助于电磁场，因此外界的电磁场也不会对其产生干扰，具有较好的环境适应性。PDP是一种自发光显示技术，不需要背景光源，因此没有视角和亮度均匀性问题。而三色荧光粉共用同一个等离子管的设计也使其避免了聚焦和汇聚问题，可以实现非常清晰的图像。

拓展思考

1. 中国的第一台电视机是什么时候生产的？
2. CRT显像管由哪几部分组成？
3. CRT电视成像的原理是什么？
4. 等离子电视成像的原理是什么？

当今的主角
——液晶电视

20 世纪人类最伟大的成就莫过于电视的发明。今天，科学技术的发展已经使 21 世纪的人类完全进入了一个崭新的时代——数字化时代。人们对于电视成像的质量也有了更高的要求，因此具有图像清晰度高、外观时尚美观等优点的液晶电视备受人们的喜爱，成为当今电视的绝对主角。

◆现在的国产液晶电视

有机界的骡子——液晶

液晶的发现可追溯到 19 世纪。1888 年奥地利植物学家赖尼策尔（F. Reinitzer）在做实验时发现，他加热的化合物熔化后先变成了白色的浑浊液体，继续加热则呈现某些颜色，最后变成透明液体。在对化合物降温后重复实验，依然看到同样现象。赖尼策尔没有像其他人那样将这种新奇的现象简单地归于材料不纯，而是更加精心地制备材料，对颜色的起因进行探究。1888

◆德国物理学家雷曼（左）和奥地利植物学家赖尼策尔（右）

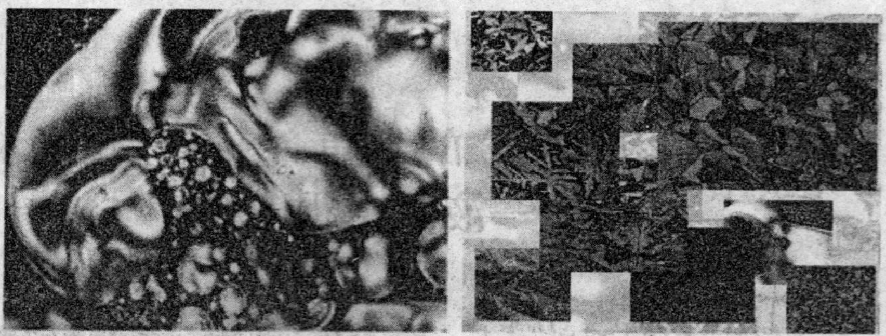

◆显微镜下的液晶图片

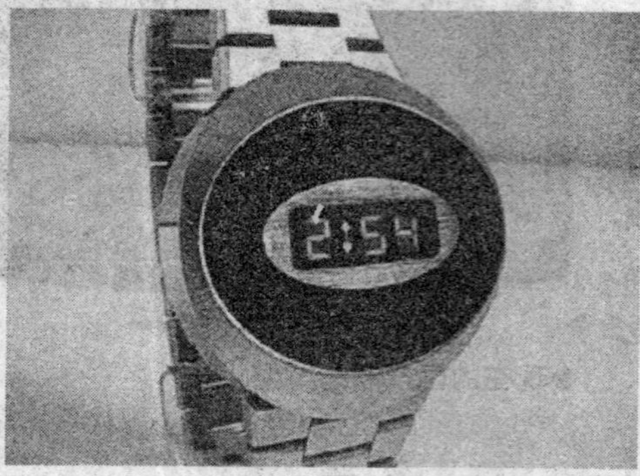

◆1972 年第一只使用液晶显示屏的手表

◆1973 年第一台使用液晶显示屏的计算器

年 3 月 14 日，赖尼策尔将样品寄给德国的年轻物理学家雷曼（O. Lehmann）并附上一封长信。雷曼在偏光显微镜下发现，这种奇异的液体具有与某些晶体类似的光学性质，于是取名“液晶”。它好比是既不像马又不像驴的骡子，所以有人称它为有机界的骡子。液晶是一种特殊的物质，它既具有液体的流动性，又像某些晶体那样具有光学各向异性。有些物质在特定的温度范围之内具有液晶态；另一些物质，在适当的溶剂中溶解时，在一定的浓度范围具有液晶态。不是所有物质都具有液晶态。通常棒状分子、碟状分子和平板状分子的物质容易具有液晶态。天然存在的液晶并不多，多数液晶是人工合成的。

1964 年，美国无线电公司（RCA）发现了液晶的多种光学效应，由此开始了液晶在显示器方面的应用。这也是当前液晶最主要的应用方向。

液晶显示材料最常见的用途是电子表和计算器的显示板，为什么会显示数字呢？原来是这种光电显示材料利用液晶的电光效应，把电信号转换成了字符、图像等可见信号。液晶在正常情况下，其分子排列很有秩序，显得清澈透明，一旦加上直流电压后，分子的排列被打乱，一部分液晶变得不透明，颜色加深，因而能显示数字和图像。

今日枭雄——液晶电视

相比显像管电视，液晶电视的发展要晚很多，1972 年液晶计算器的出现才标志着这项技术被民用化，做成电视机是 1996 年。

液晶电视通常采用 TFT 型的液晶显示面板，其主要构成包括背光源、导光板、偏光板、滤光片、玻璃基板、液晶材料、薄膜式晶体管等。

万 花 筒

一些有机化合物和高分子聚合物，在一定温度或浓度的溶液中具有光学各向异性，其电光效应受温度条件控制的称为热致液晶；溶致液晶则受控于浓度条件。显示用液晶一般是低分子热致液晶。

液晶的电光效应是指它的干涉、散射、衍射、旋光、吸收等受电场调制的光学现象。

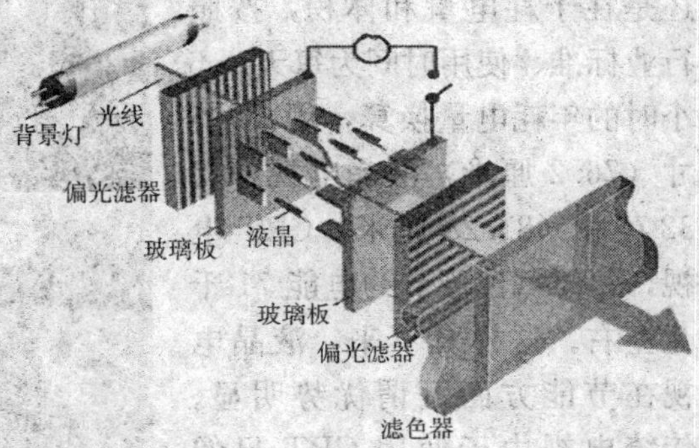

液晶电视必须先利用背光源投射出光线，这些光源会先经过一个偏光板然后再经过液晶，这时液晶分子的排列方式改变穿透液晶的光线角度。然后这些光线接下来还必须经过前方的彩色滤光片与另一块偏光板。因此只要改变驱动液晶的电压值就可以控制最后出现的光线强度与色彩，进而能在液晶面板上变化呈现出不同色彩图像。

◆1985 年的 CASIO TV—21，第一台便携式液晶电视

从成像原理上来看，液晶和等离子有着明显的区别。液晶属于被动发光型，需要背光灯来提供光源，而等离子属于主动发光型，通过电压驱动激发荧光物质发光来显示画面。

液晶显示设备也就是 LCD (Liquid Crystal Display)。液晶电视的基本原理是对两面玻璃之间的液晶施加电压，从而控制分子的排列变化和曲折变化，屏幕通过电子群的冲撞制造画面，并通过外部光线的透视反射来形成图像。世界上第一台液晶显示设备出现在 20 世纪 70 年代初，时至今日，液晶电视已经占据了平板电视市场上的最大份额。

一较高低——液晶电视和显像管电视

液晶电视与传统显像管（CRT）电视相比，最大的优点还是在于耗电量和体积，按照行业标准、使用时间为每天 4.5 小时的年耗电量换算，用 30 英寸（76.2 厘米）液晶电视替代 32 英寸（81.28 厘米）CRT 电视，每年每台可节约电能 71 千瓦左右。这样算下来，液晶电视在节能方面可谓优势明显。传统电视由于使用 CRT 显像管，必须通过电子枪发射电子束到屏幕，因而显像管的管径

◆显像管电视画面效果

不能做得很短，当屏幕增大时也必然增大整个显示器的体积。液晶电视通过显示屏上的电极控制液晶分子状态来达到显示目的，即使屏幕加大，它的体积也不会成正比地增加，只增加尺寸不增加厚度。而且在重量上比相同显示面积的CRT电视要轻得多，液晶电视的重量大约是传统电视的1/3。

◆液晶电视画面效果

与传统的CRT电视相比，液晶电视绿色环保，这是因为液晶电视内部不存在像CRT那样的高压元器件，所以不至于出现由于高压导致的X射线超标的情况，其辐射指标普遍比CRT要低一些。同时，液晶电视不存在屏幕闪烁现象，不易造成视觉疲劳。

由于CRT电视是靠偏转线圈产生的电磁场来控制电子束的，而电子束在屏幕上又不可能绝对定位，所以CRT显示器往往会存在不同程度的失真。而液晶电视由于其原理不同，图像不会出现失真情况。

正是由于这些优点，使得液晶电视成为当今的绝对主角，已走进千家万户。

拓展思考

1. 液晶有哪些特点？
2. 你能说说液晶电视的成像原理吗？
3. 液晶电视和显像管电视相比有哪些优点？

让静止的画面动起来
——电影的发展

◆尼埃普斯拍摄的世界上第一张永久性照片

◆法国发明家尼埃普斯

人类进入文明社会以后发明了文字，用于记载事件并使其得以流传，但文字的表现能力有限，不能直观地反映历史的瞬间。于是就出现了对画面的各种记录方法，由于生产力和科技水平的局限，古代只能使用绘画的办法来直观地记录画面，这种方法需要耗费较长的时间，而且不能实时反映出情况的变化，还会受到绘画者的水平、偏好、倾向的影响，真实度不够。1839 年，法国画家达盖尔发明了世界上第一台可携式照相机，标志着人类社会进入了影像时代。但是人们没有满足，他们还希望照片“动”起来，可以连续地记录影像资料。直到 1880 年摄像机的发明，人类终于实现了用时间跨度记录画面的梦想。随后，人们进入了电影时代。

电影发展的基础

1826 年的一天，法国发明家尼埃普斯拍出了世界上第一张永久性照片。

他当时的制作工艺是在白蜡板上敷上一层薄沥青，然后利用阳光和原始镜头，拍摄下窗外的景色，曝光时间长达 8 小时，再经过薰衣草油的冲洗，才获得了人类拍摄的第一张照片。

在这张照片上，左边是鸽子笼，中间是仓库屋顶，右边是另一物的一角。由于受到长时间的日照，左边和右边都有阳光照射的痕迹。尼埃普斯把他这种用日光将影像永久记录在玻璃和金属板上的摄影方法，称作“日光蚀刻法”，又称阳光摄影法。

历史趣闻——打赌带来的发明

1872 年的一天，在美国加利福尼亚州的一家酒店里，两个人为“马在奔跑时蹄子是否都着地”发生了一场激烈的论战。“马在奔跑跃起时始终有一只蹄子着地。”一个人说。“马在跃起的瞬间 4 只蹄子都是腾空的。”另一个人反驳道。两个人争得面红耳赤，于是决定打赌。他们先到跑马场，想当场看个究竟，遗憾的是马奔跑的速度太快，根本无法看清马蹄是否着地。

◆美国发明家爱迪生

英国摄影师麦布里治知道此事后，表示有办法解决。他在跑道的一边并列安置了 24 架照相机，镜头都对准跑道；在跑道的另一边，打了 24 个木桩，每根木桩上都系上一根细绳；这些细绳横穿跑道，分别系到对面每架照相机的快门上。一切准备好了以后，麦布里治让马从跑道的一端奔跑过来。当马经过安置有照相机的路段时，依次把 24 根引线绊断，与此同时，24架照相机快门也就依次拍下了24张照片。从这条连贯的照片带上可以清楚地看出，马在奔跑时总有一只蹄子是着地的，于是持有这一观点的人赢了这场赌。而同时，麦布里治偶然快速地抽动了那条照片带，结果照片中静止的马叠成了一匹运动的马，马竟然“活”起来了！麦布里治又把这些照片做成透明的，按顺序均匀地贴在一块玻璃圆盘上，做一块同样尺寸的金属圆盘，并贴在照片的位置上，开了一个和照片大小相同的洞，然后用幻灯向白幕放映，并使两块圆盘相互反转起来，这样，就可以看到马奔跑的连续动作。麦布里治把自己设计的机器叫“显示器”。它利用了人眼的视觉暂留效应，即人的视觉反应能在脑中滞留很短的一段时间，因此，一张张静止的照片如快速旋转，相邻的两张能在这一段很短时间内连贯起来，画面就“活”了。

◆爱迪生发明的电影视镜在展出

此后，随着镜头制作工艺的发展，光化学的进步，特别是1888年美国柯达公司生产出了新型感光材料——柔软、可卷绕的“胶卷”，照相机的发展进入了相当成熟的阶段，美国的发明家爱迪生受到显示器的启发于19世纪末发明了著名的“电影视镜”，它的形状像长方形柜子，上面装有一只突起的透视镜，里面装着蓄电池和带动胶卷的设备；胶片绕在一系列纵横交错的滑车上，以每秒46幅画面的速度移动；影片通过透视镜的地方，安置一面大倍数的放大镜。观众从透视镜的小孔里观看时，急速移动的影片便在放大镜下构成一幕幕活动的画面。1894年4月，第一家电影院在美国纽约市百老汇大街正式开幕。这个电影院只有10架放映机，每场只能卖10张票。结果电影院前人山人海，人们以一睹“电影”为荣。然而，这种“电影”不能投影于幕布上，使观众数量很有限，图像也不清晰。因为它是让胶片不停地经过片门，而不是以“一动一停”的方式经过片门（即在胶片运动时遮住片门，而当胶片不动时打开片门）。爱迪生对自己发明的这台“放映机”也很不满意，也想解决胶片传送方式的问题，但一时束手无策。

世界上第一部电影的出现

◆卢米埃尔电影放映机

◆童年的卢米埃尔兄弟

法国科学家路易·卢米埃尔和奥古斯特·卢米埃尔兄弟俩对电影的研制也很感兴趣，希望攻克研制的难题，拿出真正的电影来。1894 年底的一天深夜，路易在设计胶片传送的模拟图时忽然想到：用缝纫机缝衣服时，衣料不正是做“一动一停”式的运动吗？当缝纫机针插进布里时，衣料不动；当缝纫机针缝好一针向上收起时，衣料就向前挪动一下，这不是跟胶片传送所要求的方式很相像吗？于是，他兴奋地告诉哥哥奥古斯特，可以用类似缝纫机压脚那样的机械所产生的运动来拉动片带。当这个牵引机件再次上升的时候，尖爪便在下端退出洞孔，而使胶片静止不动。经试验，路易的想法果然可行。后来奥古斯特在一篇文章中说：“我的弟弟在一个夜晚就发明了活动电影机”。

◆电影《一个国家的诞生》

1895年3月22日，卢米埃尔拍摄的电影《工厂大门》在巴黎第一次放映，但未售票。同年12月28日晚上，在巴黎卡普辛路14号大咖啡馆的地下室里，电影第一次售票公映，同《工厂大门》一起放映的还有《水浇园丁》、《火车到站》、《婴儿的午餐》等11部无声电影短片，历时共20分钟。当观众看到活动的人物景象逼真地在眼前出现时，一个个目瞪口呆，惊奇不已；当银幕上下雨时，观众中便有人赶紧把雨伞打开，当银幕上出现火车呼啸冲来的镜头时，观众便惊恐万分，甚至有人吓得大叫，想要逃走。就这样，人类的视觉第一次由一种叫做“电影”的神奇的东西牵引着延伸到了某天、某处、某个真实的场景中。后来，人们把这一天——1895年12月28日定为电影诞生日，卢米埃尔兄弟也被称为“现代电影之父”。

于是，引起越来越多的人关注的电影得到了迅速的发展，很多非常有才华的人投身其中，美国人大卫·格里菲斯就是其中杰出的一位。他凭借自己独到的艺术天分改编了小说《同族人》，并把它拍成了一部叫做《一个国家的诞生》的美国电影史上绝无仅有的空前大戏，获得了商业上的巨大成功，观众达到1亿人次，上映时间延续了15年之久，其中浩大的战争场面，至今仍然为许多相关题材的电影所借鉴。这样，人类的视觉就随着银幕上变幻的光影，冲破了现实的束缚，延伸到了文学作品所创作的艺术殿堂。

知识库——世界上第一部电影

被称作世界电影史上第一部影片的《工厂大门》，是以设在里昂的卢米埃尔兄弟自己家的工厂作为背景，拍摄下来的工人上下班的景象。当工厂的大门打

开，系着围裙的女工们和骑着自行车的男工们有说有笑地从工厂里出来，随后，厂主乘坐着一辆由两匹马拉着的马车驶进工厂，大门又重新关上。影片长度不到两分钟。平凡的形象、活动的人群初次出现在银幕上，令人们感到万分惊奇。而那自然、朴实的工人们的日常生活的景象，即使是今天的人们看上去，也会被其朴素的艺术魅力所感染。

◆卢米埃尔的电影《工厂大门》剧照

广角镜——电影成像技术

最初的电影是每秒播放16格胶片画面。但是人们很快就觉得每秒只有16格的电影看起来并不是那么流畅理想，动作看起来还是存在跳跃感，因此又变成每秒播放24格胶片画面，让动态画面更加平滑自然。现在有些传统电影院里面也采用这样的放映方式。

电影之所以能够把胶片中独立的若干幅静止图片连成动态画面，就是利用人眼对光成像画面存在残留延时，通过快速切换一组图片而达到连续播放的视觉效果。

拓展思考

1. 简述电影的发展史。
2. 卢米埃尔兄弟对电影发展的贡献是什么？
3. 世界上第一部电影叫什么名字？
4. 《一个国家的诞生》是谁拍摄的电影？

诱惑与激情

——高科技影像技术

生活中有如此多的成像技术，把人类的视觉从基本的记录美丽瞬间提升到了一种前所未有的震撼与享受。

高科技的影像技术包含许多。

红外线摄影可以穿透重重迷雾，既可夜视又可透视。

全息摄影利用激光可以将物体的所有信息全部记录下来，正式把 2D 的影像提升到了 3D 立体的效果，这是多么令人期待和富有诱惑力。

我们梦想着有一天也能成为这些高科技摄影的主角，体验高科技摄影为我们的生活带来的翻天覆地的变化。

黑夜，也有明亮的眼睛
——红外成像技术

漆黑的夜晚，伸手不见五指，在茂密的森林里，探险家们支起帐篷正准备休息，为了防止野兽的袭击，他们需要轮流站岗放哨。可是如何才能在这漆黑的夜晚看到悄悄靠近的野兽呢？

◆红外线成像

探险家们有着他们独特的先进的秘密设备，那就是红外线可视系统。有了这样的设备，不管天有多黑，他们都能看到一切接近他们的生物。

想知道这种设备的工作原理吗？那还等什么，赶快和我们一起去研究吧！

红外线成像

光线是大家熟悉的。光线是什么？光线就是可见光，是人眼能够感受的电磁波。可见光的波长为：0.38～0.78微米。比0.38微米短的电磁波和比0.78微米长的电磁波，人眼都无法感受。比0.38微米短的电磁波位于可见光光谱紫色以外，称为紫外线；比0.78微米长的电磁波位于可见光光

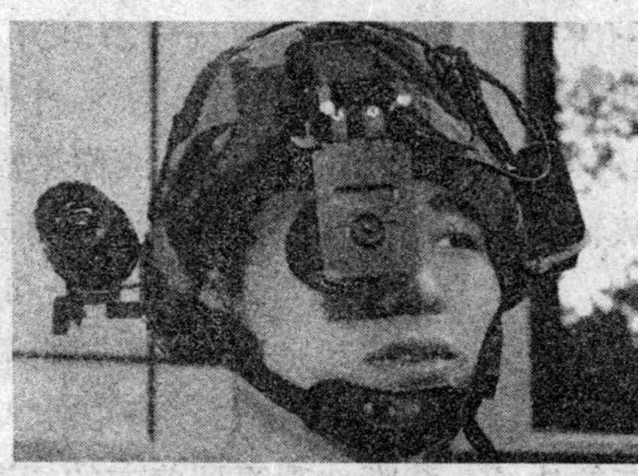
◆国产红外线夜视仪

谱红色以外，称为红外线。红外线，又称红外辐射，是指波长为 0.78～1000 微米的电磁波。其中波长为 0.78～2.0 微米的部分称为近红外，波长为 2.0～1000 微米的部分称为热红外线。

照相机成像得到照片，电视摄像机成像得到电视图像，都是可见光成像。自然界中，一切物体都可以辐射红外线，因此利用探测仪测定目标的本身和背景之间的红外线差异可以得到不同的红外图像，热红外线形成的图像称为热图。

目标的热图像和目标的可见光图像不同，它不是人眼所能看到的目标可见光图像，而是目标表面温度分布图像，换句话说，红外热成像使人眼不能直接看到的目标表面温度分布，变成人眼可以看到的代表目标表面温度分布的热图像。

红外线成像的特点

有位著名的美国红外学者指出：“人类的发展可分为三个阶段。第一阶段是人类通过制造工具，扩展体力活动的能力。第二阶段通过提高判断能力，寻求更清晰和更广泛的理解与判断事物的标准。而人类近年来致力的增强获得输入信息的能力，扩大感觉范围或增添新的感官，使我们的大脑能接受更多的信息，正是人类发展的第三阶段。在这个阶段中，红外技术的发展已经把人类的感官由五种增加到六种”。这一席话，我认为恰如其分地道出了红外成像技术在当代的重要性。因为，我们周围的物体只有当它们的温度高达 1000℃以上时，才能够发出可见光。相比之下，我们周围所有温度在绝对零度（－273℃）以上的物体，都会不停地发出热红外线。例如，我们可以计算出，一个正常人所发出的热红外线能量，大约为 100 瓦。所以，热红外线（或称热辐射）是自然界中存在最为广泛的辐射。热辐射除存在的普遍性之外，还有另外两个重要的特性。

1. 大气、烟云等吸收可见光和近红外线，但是对 3～5 微米和 8～14 微米的热红外线却是透明的。因此，这两个波段被称为热红外线的“大气窗口”。利用这两个窗口，可以使人们在完全无光的夜晚，或是在烟云密布的战场，清晰地观察到前方的情况。正是由于这个特点，热红外成像技术为军事上提供了先进的夜视装备，并为飞机、舰艇和坦克装上了全天候前视系统。这些系统在海湾战争中发挥了非常重要的作用。

2. 物体的热辐射能量的大小，直接和物体表面的温度相关。热辐射的这个特点使人们可以利用它来对物体进行无接触温度测量和热状态分析，从而为工业生产、节约能源、保护环境等方面提供了一个重要的检测手段和诊断工具。

广角镜——天文学中的红外线成像

据美国《连线》杂志网站报道，自2009年12月发射升空后，美国宇航局红外太空望远镜“广域红外探测器”（WISE）已经发回超过25万张原始图片。美国宇航局选择其中的4张进行处理并予以公布，这是首次发布WISE观测到的神奇太空景象。其中一张照片显示了一颗彗星长达1000万英里（约1609万千米）的彗尾的红外图像。

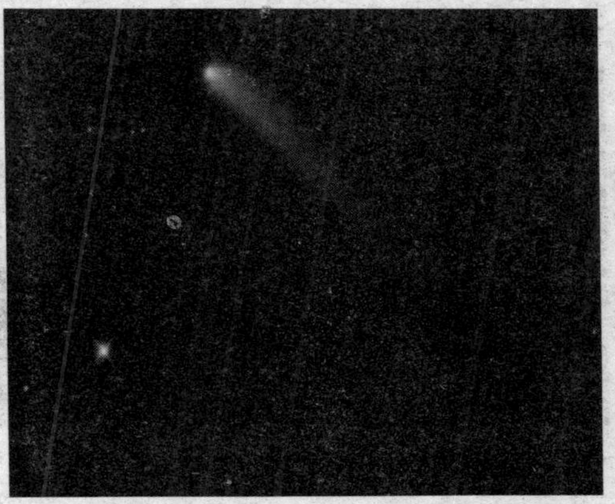

◆美国望远镜拍摄到：塞丁泉彗星（Siding Spring）1600多万千米长的彗尾

红外线摄影

使用红外线胶片的照相机，具有红外摄影功能的数码相机，热像仪等，虽然它们都利用红外线工作，但成像原理和所成的图像的物理意义有很大的区别。红外摄影通常指利用红外线胶片和数码相机进行的摄影；前者属于光学摄影类，后者属于光电摄影类。

光学摄影类

红外胶片是一种能够感应红外线的胶片，有黑白红外胶片和彩色红外胶片两类。其成像原理与普通胶片相似：曝光时，卤化银发生化学变化，记录景物反射到胶片上电磁波的信息，通过显影、定影等技术获得景物图像。普通胶片记录的是波长为0.4～0.76微米范围内的可见光；由于红外胶片中加入了红外增感染料，使得它能记录波长在0.4～1.35微米间的可见光和近红外线。为了获得景物纯粹的红外像，需要在镜头前加装一个红外滤镜，滤掉可见光，只通过近红外线。那么，这部分近红外线是不是景物发出的呢？显然，日常摄影中的人体、树木等景物达不到能辐射近红外线的温度，它们的热辐射也不能使胶片形成足够清晰的像，所以应该是景物反射太阳辐射中的近红外线。故近红外线也称为摄影红外。

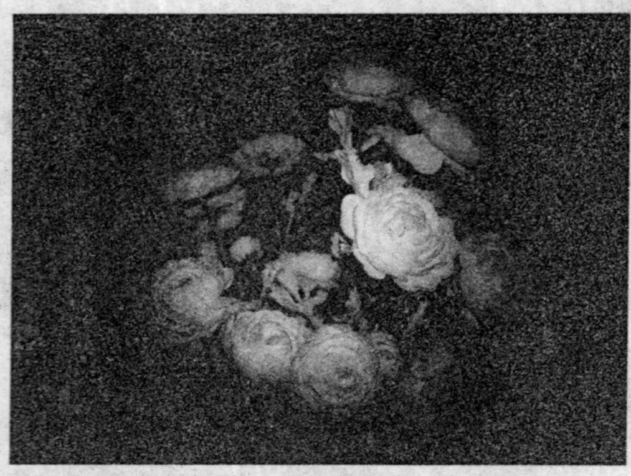

◆红外线相机拍出夜晚的花

◆红外线拍摄的景物

红外胶片成的像与普通胶片成的像有较大的差异。人体、草地对红外线反射较强，它们的黑白红外像就较白；河流、天空对红外线反射较弱，成的黑白红外像就较黑。由于彩色红外胶片的感光光谱、成色剂和普通彩色胶片的不同，彩色红外相片上的颜色也就不是景物真实颜色的反映，所以又称它为假彩色红外胶片。例如，健康绿色植物反射近红外线，它的红外像为红色，清澈的河水的红外像是深蓝色。虽然在肉眼看来病态的植物和健康的植物都为绿色，文件涂改前后的墨迹也没什么区别，但它们对红外线的反射强弱不同，摄成的红外像就有明显的差异。因此，它常用于刑侦、国土资源调查、环保等领域。

红外线较强的穿透能力和红外胶片易受热辐射影响的这些特点决定了

在用红外胶片摄影时，对操作有较高的要求。红外胶片对波长为 0.76～0.9 微米的近红外线有最佳的感光性能，随着能感应的波长增大，感光药剂受温度的影响越来越显著，感光药剂化学稳定性也随之下降。例如，感光波长上限为 1.1 微米的红外胶片能保存三个月，当感光波长上限达到 1.35 微米时，只能保存 8 天。所以无论是保存还是携带都需要冷藏，装卸胶片都需要在暗室或者专用防红外线的暗袋中进行。由于红外胶片的曝光时间较长，出厂时没有标感光度，需要根据经验手动调整感光度，且自动相机的红外计数器发出的红外线能使其曝光，所以最好使用手动金属机身的相机。红外摄影调焦时须注意，有的相机物镜上有红外线聚焦指数，其标记为“R”；若没有此标记，则要先对可见光调焦后，再将镜头前移可见光焦距的 1/250 左右。

红外线摄影技巧

滤镜

纯红外摄影只能表现黑白的图像，因为我们眼中的色彩是物体对不同波长的可见光选择性反射、吸收的结果，红外线是肉眼看不见的，也就没有色彩。一些纯红外照片的所谓色彩，其实是给不同波长红外线所形成的影像通过技术手段人为地“涂抹”上去的，是“伪色彩”。

◆红外摄影风景之一

但是，如果选择合适的滤镜，允许一部分可见光通过，让可见光、红外线混合成像，就可保留可见光的某些色彩，得到接近真实的彩色红外照片。

◆红外摄影风景之二

光源

◆红外摄影风景之三

尽管红外摄影常常与“夜视”、“透视”联系起来，但事实上我们这里所讨论的红外摄影是近红外摄影，利用的是波长最接近可见光的红外线，而这个波段的红外线并不是常温物体能够向外辐射的，其最强的光源还是我们头顶的太阳，也就是说，阳光中的近红外辐射最强，有丰富的红外线，才能进行红外摄影，夜晚或阴天，这个波段的红外线很微弱，想得到清晰的成像是很困难的。在强烈阳光下，最容易获得清晰的图像。

题材

红外摄影并不适合表现所有的题材，一般来说主要用来拍摄风光，但即使拍摄风光也有不少的局限性。

由于物体对可见光、红外线的反射吸收性能不同，红外照片的效果与

◆红外摄影风景之四

◆红外摄影风景之五

肉眼所看见的景象是大相径庭的，这虽然正是红外摄影的魅力所在，但如果不了解物体在红外线下的特性，则效果很难预知。一般来说，树叶、草坪、玻璃是红外线的强反射体，在红外照片中呈现亮色，所以红外线适合于表现有植物的风景。但是，植物要有层次才容易表现。

比如大面积的绿色，虽然在可见光照片上可能看上去很美，但在红外照片中就缺乏变化了。

而水面、路面能很好地吸收红外线，在红外照片中呈现深色，所以，有树木、水面、路面的风景比较适合通过红外摄影表现。

红外摄影比较适合表现开阔的风景，如果有蓝天白云，则效果更为吸引人。

当用红外线来表现建筑时，建筑本身应该有丰富的线条和不同吸收特性的面，否则会比较平淡。

由于不能通过色彩来表现，所以，红外摄影中运用比较多的构图语言是线条。

◆红外摄影风景之六

◆红外摄影风景之七

◆红外摄影风景之八

◆红外摄影建筑物之一

◆红外摄影建筑物之二

◆红外摄影中运用线条

后期处理

◆红外摄影采用黑白模式

在拍摄红外照片时，数码相机原有的自平衡调整功能完全失效，在彩色模式下，无论使用哪种自平衡设置（有专门“夜视”功能的机型除外），所拍的照片都呈现粉红色。所以，纯红外摄影一般使用黑白模式，或在后期转成黑白。

一般而言，红外照片都存在反差小的问题，照片中黑的地方不够黑，白的地方不够白，都需要调整一下色阶。

必要时还得调整一下反差。

如果想利用色彩烘托一下气氛，最常用的方法是分别调整高光、低光的色彩，将高光区域（Highlights）调成暖色调。

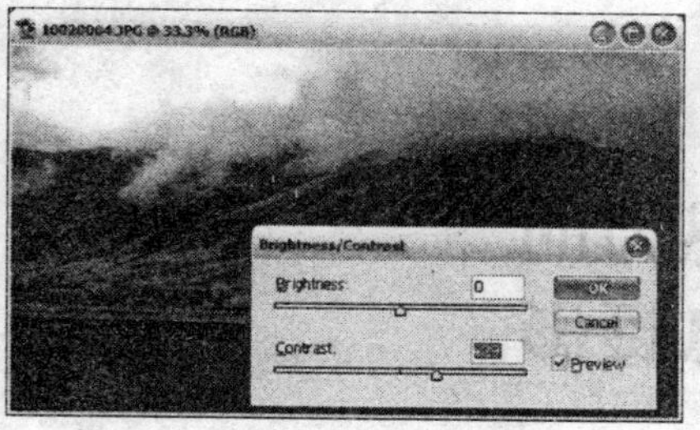

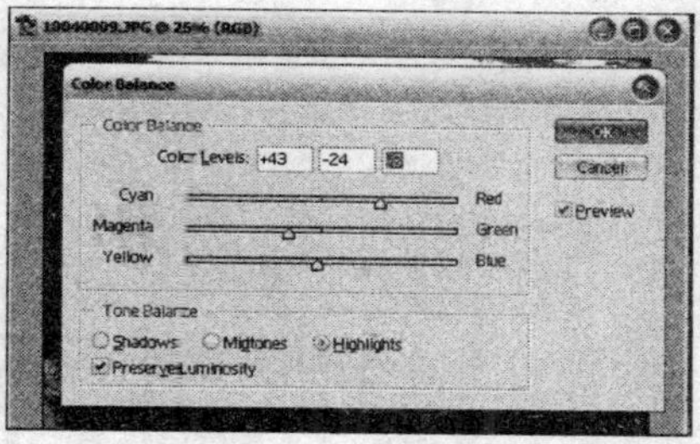

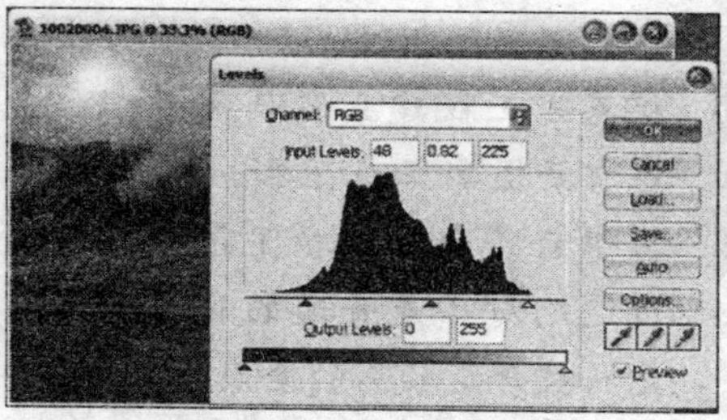

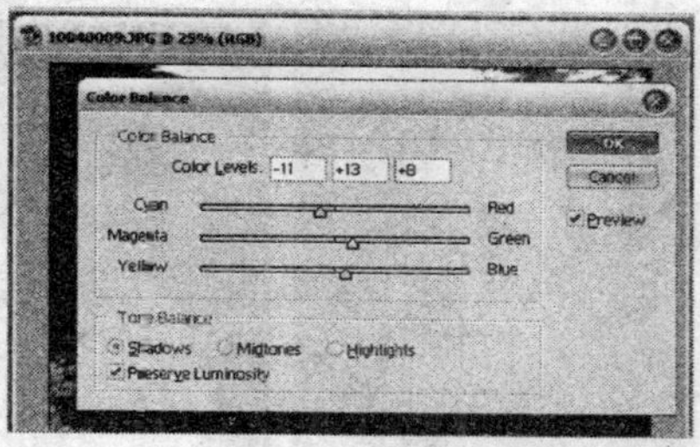

◆红外摄影的外处理

而将低光区域（Shadows）调成冷色调。

这样可以弥补数码红外摄影在层次表现上的不足，提高照片的表现力。

◆红外摄影后处理完成的照片

极具诱惑力的——全息摄影

◆英国女王：伊丽莎白二世

据新闻报道：2004年为了庆祝英国王权建立800周年，白金汉宫请摄影师克里斯·莱文为女王伊丽莎白二世拍了张照片，不过这绝对不是普通的肖像照，而是科技含量颇高的全息立体照片。6月21日，威廉王子亲自为这张比真人还高的照片揭幕。

全息摄影是一种摄影新技术，照片看上去极具三维层次感，更神奇的是，这种照片的信息量相当于100张或1000张普通照片，因而照片上的图像可以随观察角度而变化。全息立体照片的拍摄及合成成本极高，所以一般人对这种照片只能“望价兴叹”，而白金汉宫这次也是花了15万英镑的大价钱，并且委托法国一家信托公司物色摄影师，才让女王过了回“拍照瘾”。不过女王本人对照片的评价却并不太好，她说照片上的她简直是个“在森林里迷路的老太太”。

◆全息地球

全息摄影

全息技术又称全像摄影(Holography)，是光学上极富诱惑的一项技术。它是利用干涉和衍射原理记录并再现物体真实的三维图像的技术。其第一步是利用干涉原理记录物体光波信息，此即拍摄过程：被摄物体在激光辐照下形成漫射式的物光束；另一部分激光作为参考光束射到全息底片上，和物光束叠加产生干涉，把物体光波上各点的位相和振幅转换成在空间上变化的强度，从而利用干涉条纹间的反差和间隔将物体光波的全部信息记录下来。记录着干涉条纹的底片经过显影、定影等处理程序后，便成为一张全息图，或称全息照片；其第二步是利用衍射原理再现物体光波信息，这是成像过程：全息图犹如一个复杂的光栅，在相干激光照射下，一张线性记录的正弦型全息图的衍射光波一般可给出两个像，即原始像（又称初始像）和共轭像。再现的图像立体感强，具有真实的视觉效应。全息图的每一部分都记录了物体上各点的光信息，故原则上它的每一部分都能再现原物的整个图像，通过多次曝光还可以在同一张底片上记录多个不同的图像，而且能互不干扰地分别显示出来。

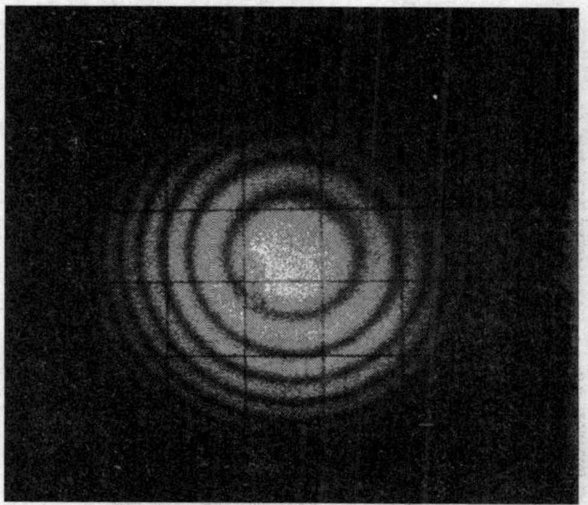

◆He—Ne 激光非定域干涉条纹

◆制作好的全息光栅——即摄影前的所有器材组装

下面是激光全息摄影的过程：第一步：干涉记录全息图；第二步：衍射再现全息图。

本实验内容有两个：

（1）制作全息光栅，并测量所制作的光栅的光栅常数。

（2）制作小工艺品的三维全息图，并观察再现的虚像和实像。

◆制作三维全息图的装置

◆被摄物体——小鸡

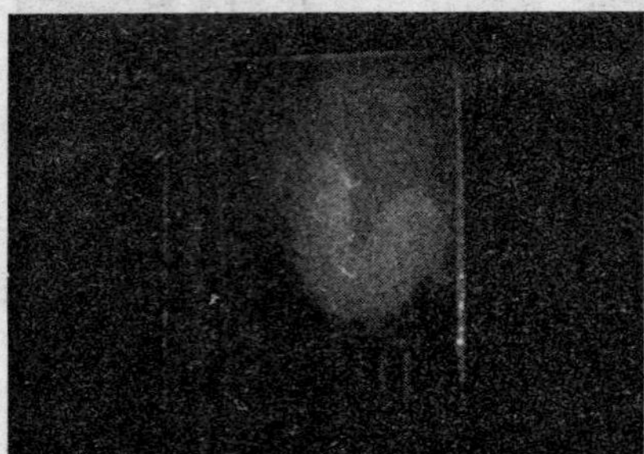

◆拍摄到的全息图

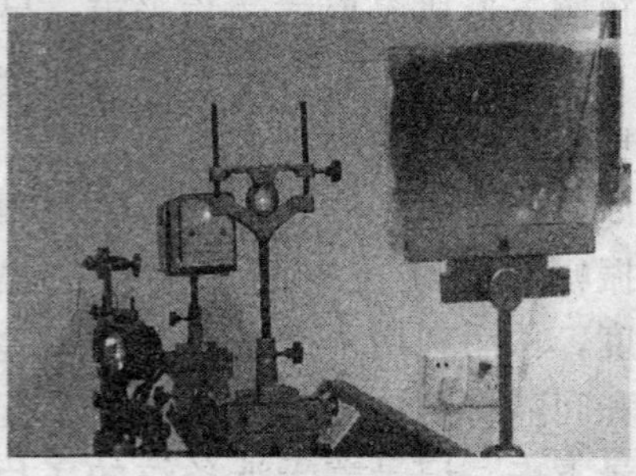

◆红宝石激光器照在拍摄好的照片上，显示出立体的照片

全息摄影与普通摄影的区别

类别	全息摄影	一般摄影
记录方式	物束光与参考光束	光学镜头成像（物束光）
记录内容	物体散射光的强度及相位信息	景物本身或反射光强度
成像介质	记录后称全息片（全灰色调）	感光胶片
影像观察方式	一般借助激光还原观看	眼睛直接观看
色彩表现	彩色干涉条纹图像	彩色物体图像
影像特点	三维空间立体感的景物 只有散射光线而并无实物	平面物体图像

最新动态：让人热血沸腾的三维电视

就算在贵宾包厢里观看篮球赛，也依然不能将赛场的全部场景尽收眼底。但是当大屏幕三维全息电视出现之后，我们足不出户就能看到整个赛场，而且不必离开座椅就能改变视角和视野范围——我们只要准备好零食就行了。已经有样品问世的三维全息显示器虽然今天看上去还并不成熟，但无疑指引出了未来影像技术的发展方向。

◆激烈的篮球赛

这一天的来临还需要假以时日，不过美国达拉斯实验室的哈罗德·加纳的手上已经有一台小型样机了。今年 51 岁的加纳是得克萨斯大学西南医学研究中心的医学博士、等离子物理学家和生物化学家，他制造的这台样机是世界上第一台真正能显示全息影像的机器——真正的三维画面，不需要借助特殊眼镜，也不会让人有头晕的感觉。

◆3D 小车

加纳表示："我们是用二维干涉图案的方式来传送三维图像的，因此可以直接利用现有的电视网络。"怎样制作全息图像的节目内容？只要用一系列的摄像机从各个不同的角度来拍摄，再合成为全息图像就可以了。以后在家就可以享受亲临赛场的感觉了。预计 2015 年人们就可以付费收看由卫星转播的 NBA 全息图像节目了。

日本独立行政法人信息通信研究机构（NICT）宣布，开发成功了可拍摄动态物体并播放立体影像的彩色电子全息摄影技术。无需激光光源和暗室，以普通照明即可拍摄。该技术使用多个微型透镜排列成复眼透镜，利用了在普通照明条件下摄像机拍摄物体的集成摄影（Integral Photography）技术。播放时使用同样的复眼透镜来显示立体影像。此前要拍摄彩色全息影像，必须使用 RGB 激光光源分别拍摄不同颜色，因此不能拍摄动态物体，并且拍摄还需要在暗室中进行。此次技术是在普通照明条件下拍摄影像，通过高速运算形成全息影像。用对应 RGB 三色的液晶面板显示，通过激光光源播放，最终合成全息影像，因此可实时显示立体的彩色影像。目前的立体视角仅为 2 度，因此播放的影像只有 1 厘米左右。NICT 的目标是今后 3 年内将播放影像扩大至 4 倍，即约 4 厘米。

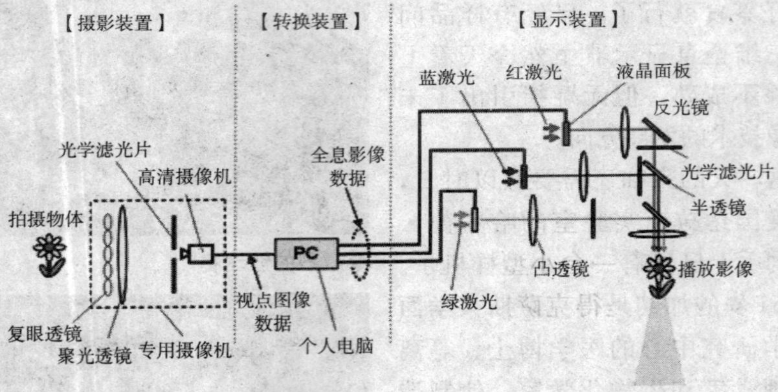

◆日本彩色电子全息摄影技术

将“立体”进行到底
——3D影像简介

2010年是电影界不平凡的一年，年前《阿凡达》的全球热映，让某些地区的IMAX 3D电影票更是史无前例地被炒到了600元一张，一直到现在，阿凡达IMAX 3D电影票还是炙手可热，火爆程度可见一斑。

◆3D电影《阿凡达》

而《阿凡达》全球热映，形成了3D进入主流市场的绝佳契机。各大电影公司及电子业巨头均欲借此东风占领制高点，将商业化3D产品作为未来发展的最佳突破口。如果说《飞屋环游记》意味着3D电影的回归，那么《阿凡达》掀起的全民3D热则预示着3D将超越类型片的范畴，成为未来电影界主流大片的“新的标杆”。

年后各大影院又紧接着上映了IMAX 3D电影《爱丽丝梦游仙境》，将这一古老的童话全新演绎，再加上著名导演蒂姆·波顿的精心执导，使得这部影片，比起《阿凡达》有过之而无不及。同时，

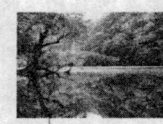

◆3D 电影《爱丽丝梦游仙境》剧照

◆3D 版《爱丽丝梦游奇境记》剧照

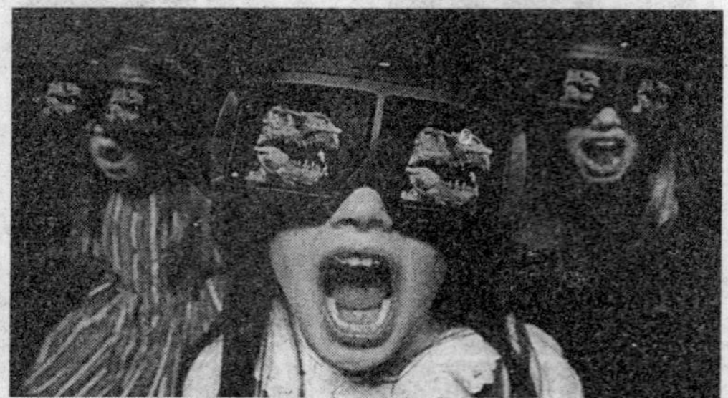

◆刺激的 3D 电影

又一次将 3D 影像推上了新的高潮。

到底是什么让全世界影迷如此疯狂呢？最新的 3D 立体效果真的有传说中那么惊艳震撼么？

媒体和观众对《阿凡达》以及热映中的 3D 版的《爱丽丝梦游奇境记/Alice In Wonderland》的追捧主要归功于最新的 3D 电影技术——动作捕捉和虚拟摄像系统的不断改进，终于让 3D 效果从量变引发为质变。传统的 3D 技术可使前景对象“延伸”至观众的视野，而 3D 的影像则凸显了前景与周围环境之间的落差感和层次感，让整个观影者有更加身临其境的感觉。

今天就为大家仔细的讲解一下当前 3D 图像技术的特点、前景，以及足不出户在家观看 3D 电影的解决方案！

世界因双眼而立体

早在 1839 年，英国著名的科学家温特斯顿就在思考一个问题：“人类观察到的世界为什么是立体的？”经过一系列研究发现：因为人长着两只眼睛。人双眼大约相隔 6.5 厘米，观察物体（如一排重叠的保龄球瓶）时，两只眼睛从不同的位置和角度注视着物体，左眼看到左侧，右眼看到右侧。这排球瓶同时在视网膜上成像，而我们的大脑可以通过对比这两幅不同的“影像”自动区分出物体的距离远近，从而产生强烈的立体感。引起这种立体感觉的效应叫做“视觉位移”。用两只眼睛同时观察一个物体时物体上每一点对两只眼睛都有一个张角。物体离双眼越近，其上每一点对双眼的张角越大，视差位移也越大。

◆神奇而美丽的双眸

正是这种视差位移，使我们能区别物体的远近，并获得有深度的立体感。对于远离我们的物体，两眼的视线几乎是平行的，视差位移接近于零，所以我们很难判断这个物体的距离，更不会对它产生立体感觉了，夜望星空你会感觉到天上所有的星星似乎都在同一球面上，分不清远近，这就是视差位移为零造成的结果。

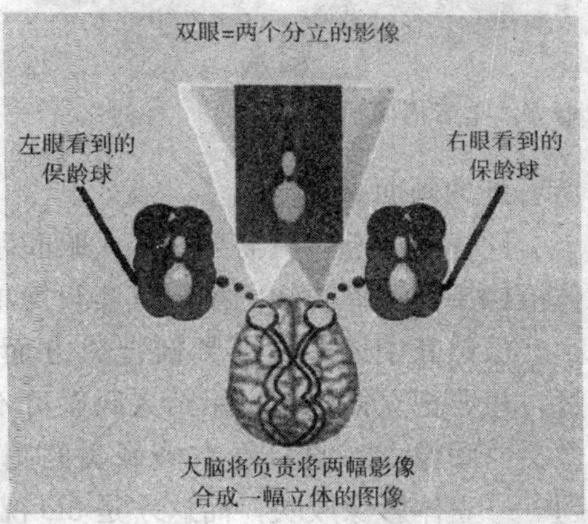

当然，只有一只眼的话，也就无所谓视差位移了，其结果也是无法产生立体感。例如，闭上一只眼睛去做穿针引线的细活，往往看上去好像线已经穿过针孔了，其实是从边上过去的，并没有穿进去。而现在我们所看到的图片、电影、玩的游戏都是平面景物，虽然图像效果非常逼真，但由于双眼看到的图像完全相同，自然就没有立体感可言。

◆“一只眼”看世界

如果要从一幅平面的图像中获得

立体感，那么这幅平面的图像中就必须包含具有一定视差的两幅图像的信息，再通过适当的方法和工具分别传送到我们的左右眼睛。

立体电影的拍摄

◆立体电影摄像机

既然通过双眼观察世界才能获得立体感，那么想要获得立体的图像也需要两台照相机或摄像机，由此就诞生了“虚拟立体显示”技术，最早引入该技术的是立体电影。立体电影从拍摄开始，就模拟人眼观察景物的方法，用两台并列安置的摄影机，同步拍摄出两条略带水平视差的电影画面，这样影片所包含的信息就与人的双眼亲临拍摄现场所看到的画面毫无二致了。

同样的原理，只需要按照人眼间距并排放置两个摄像头就可以组成立体摄像头。立体视频的拍摄其实很简单，并排放置两个镜头同步拍摄就行了，虽然其中还涉及视频帧合成方面的内容，但理解起来并不困难。不过，想要把立体图像显示给人眼看可不容易，如何才能做到左眼只看左摄像头的图像、右眼只看右摄像头的图像呢？这就涉及到另一个专门的课题——立体影像放映，而这才是3D视觉播放的重点！

戴上眼镜看电影
——3D 放映技术

◆看立体电影需要戴上专用眼镜

立体电影的放映

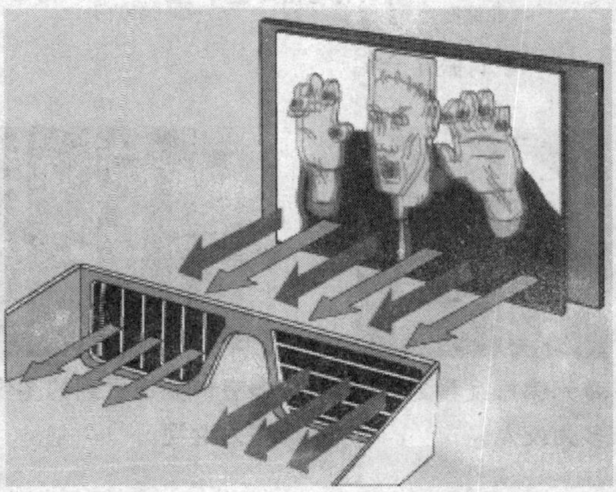
◆通光眼镜观看 3D 电影

电影院放映采用的是偏振法，通过两个放映机，把两个摄影机拍下的两组胶片同步放映，使这略有差别的两幅图像重叠在银幕上。这时如果用眼睛直接观看，看到的画面是模糊不清的重影，要看到立体电影，就要在每架电影机前装一块偏振片。从两架放映机射出的光，通过偏振片后，就成了偏振光。左右两架放映机前的偏振片的偏振化方向互相垂直，因而产生的两束偏振光的偏振方向也互相垂直。

这两束偏振光投射到银幕上再反射到观众处，偏振光方向不改变。当观众带上偏振眼镜后，左右两片偏振镜的偏振轴互相垂直并与放映镜头前的偏振轴一致，所以每只眼睛只看到相应的偏振光图像，即左眼只能看到左机映出的画面，右眼只能看到右机映出的画面，这样就会产生立体感觉。

小资料——偏振技术

为什么带上偏振眼睛后能使左右眼看到完全不同的图像？确实不太容易理解，关于偏振光和偏振眼镜的原理，由于涉及内容比较多，这里仅作简要介绍。

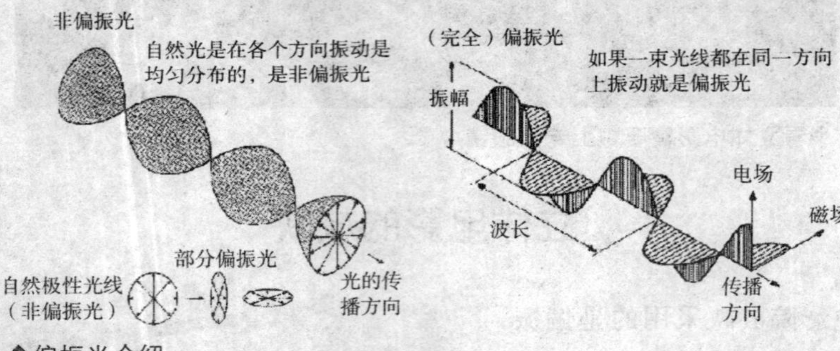

◆偏振光介绍

◆无偏振镜看到的图像多为反光

◆有偏振镜看到的图像多为透视

光就是由互相垂直的电场和磁场形成的一种电磁波，自然光是很多电磁波的混合物，它在各个方向的振动是均匀的。当它以特定的角度（布儒斯特角）经过非金属表面后反射形成的眩光是偏振光。偏离了这个角度，就会有部分非偏振光混杂在偏振光里。部分偏振光是有程度的，偏离的角度越大，偏振光的成分越少，最终成为非偏振光。有了偏振光，有时会给我们照相带来不利。玻璃表面

的反射光，使我们拍摄不到玻璃橱窗里面的东西，水面的反射光使我们拍摄不到水中的鱼……

但利用偏振光的这种特性正好满足立体电影的需求——让左右眼看到完全不同的画面。通过给两个投影机加装偏振片，让投影机投射出互相垂直的完全偏振光波，然后观众通过特定的偏振眼镜，就能让左右眼看到各自不同的画面而互不干涉。

以前我们用胶片放映机放映 3D 电影时，一般常用的是线偏振技术或红蓝滤光技术（稍后做详细介绍），不管是应用条件还是成像质量，这两种技术或多或少都存在瑕疵。随着科学技术的不断进步和数字放映技术的应用，新材料、新技术的发展使数字 3D 电影无论是色彩还原还是观看舒适度上都得到了很大的提高。

新老偏振片放映技术

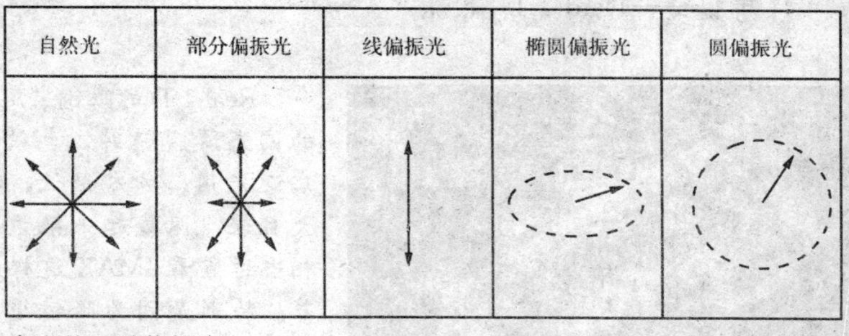

自然光
部分偏振光
线偏振光
椭圆偏振光
圆偏振光

◆光的五种偏振态

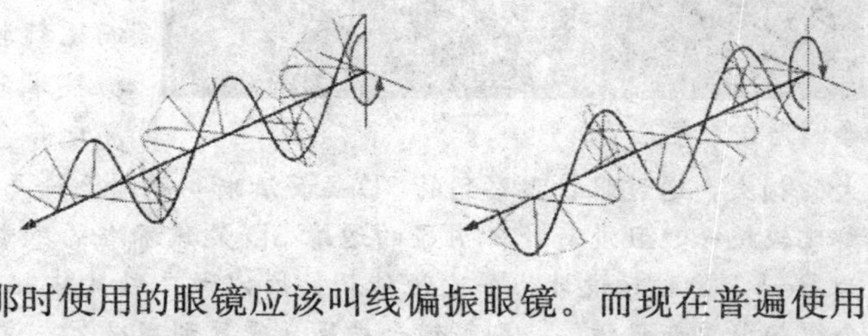

偏振放映技术目前在 3D 电影院中较为常见，在早期放映立体电影时，也曾经使用过偏振眼镜。但确切地说，那时使用的眼镜应该叫线偏振眼镜。而现在普遍使用的圆偏振技术是在线偏振的基础上发展的，原理基本一致，但它在观看效果上比线偏振有了质的飞跃。

以前我们在使用线偏振眼镜看立体电影时，要求始终保持眼镜处于水平状态，使水平偏振镜片看到水平偏振方向的图像，而垂直偏振镜片看到垂直偏振方向的图像。如果眼镜略有偏转，垂直偏振镜片就会看见一部分水平方向的图像，水平偏振镜片也会看见一部分垂直方向的图像，左、右眼就会看到明显的重影。

而圆偏振光偏振方向是有规律的旋转着的，它可分为左旋偏振光和右旋偏振光，它们相互间的干扰非常小，它的通光特性和阻光特性基本不受旋转角度的影响。现在看偏振形式的 3D 电影时，观众佩戴的偏振眼镜片一个是左旋偏振片，另一个是右旋偏振片，也就是说观众的左右眼分别看到的是左旋偏振光和右旋偏振光带来的不同画面，通过人的视觉系统产立体感。Real—D 和 Masterimage 的 3D 放映辅助系统主要采用的就是这种技术。

广角镜——Real 1-D 眼镜

◆偏光立体眼镜

Real 1-D 的眼镜采用一次性的偏光薄膜镜片，也被 IMAX 广泛采用。成本很低，特点是大且轻，佩戴起来很方便，且相当适宜看 IMAX 这样的大屏幕。特别是因为眼镜很大，所以即使是带眼镜的朋友也能够轻松佩戴这副眼镜观看影片，而无须换带隐形眼镜。采用偏振技术的 Real 1-D 眼镜在画面亮度和色彩方面几乎没有什么大的损失，通过眼镜观察到的 3D 画面清晰明亮，无论是画面中心还是边缘亮度都比较统一，且没有什么明显的边缘 3D 聚焦不准的感觉（镜片大的好处）。因为 Real 1-D 眼镜设计为一次性使用，所以做工就比较粗糙。但是很多电影院不舍得频繁更新眼镜，一副眼镜会被反反复复利用很久，这样一来眼镜镜片上常常会有很多手印油腻甚至灰点什么的，去这种电影院务必自带镜布清洁镜片，运气不好遇到有划伤的眼镜只能自认倒霉了。

特点：3D 效果逼真，眼镜成本低，佩戴舒适。但是应用范围窄，放映系统成本高，只适于大型影院。

图像分色技术原理

偏振技术比较难懂，当然技术难度也比较高。所以之前一些比较低端的电影院都没有使用偏振技术，而是使用了常见的红蓝滤光技术，大家在入场时都会收到一个“纸糊”的眼镜。

◆纸制偏振眼镜

红蓝眼镜很多人都见过，其镜框、眼镜架的材料都是用纸制成的，镜片也不过是一红一蓝两张塑料制成的透明镜片，可以说这几乎是零成本的产品。

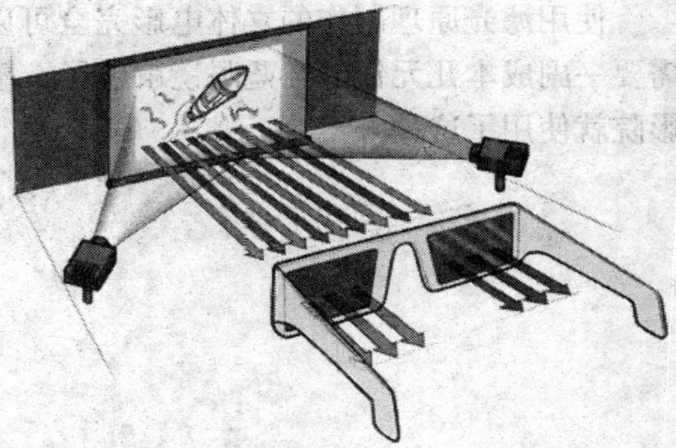

◆红蓝滤光技术原理

使用滤光技术制作的立体电影，在拍摄时给左右摄影机镜头前分别加装蓝/红滤光镜，只允许蓝/红光通过，阻止大部分红/蓝光。当然现在的影片拍摄并不一定要用滤光镜，事实上通过后期处理也能剔除一些色彩（如 Photoshop 的滤镜）。

当观众看电影时需要带一个红蓝滤光眼镜，此时左放映机的画面通过红色镜片（左眼），拍摄时剔除掉的红色像素自动还原，当它通过蓝色镜片（右眼）时大部分被过滤掉，只留下非常昏暗的画面，这就很容易被人脑忽略掉；反之亦然，右放映机拍摄到的画面通过蓝色镜片（右眼），拍摄时剔除掉的蓝色像素自动还原，产生另一角度的画面，当它通过红色镜片（左眼）时大部分被过滤掉，只留下昏暗画面。这两个角度的画面经过滤光镜之后依然是偏色的，但当人眼传递给大脑后，又会被自动合成从而生成接近原始色彩的立体画面。

◆专用 3D 电影眼镜

然后，左右眼把看到的图像传递给大脑，大脑会自动接受比较真实的画面，而放弃昏暗模糊不清的画面，从而根据色差位移产生立体感和距离感。

从整体的使用感受上来看，3D 立体效果还是非常明显的，但是缺点也非常明显，毕竟这仅仅是通过对两种颜色的过滤实现的效果，无法避免的偏色让这种 3D 的效果大打折扣，而且如果立体位移较大的话，人脑就无法将两幅偏色的画面自动合成了，这样会导致立体感丧失。

使用滤光原理制作的立体电影完全可以兼容所有的显示设备，我们只需要一副成本几元钱的红蓝眼镜就够了。事实上早期的或者低端的立体电影院就使用了这种方案。

开启生命之门

——医学影像技术

生命是世界上最奇妙、最美丽、最珍贵的。可是在古代，由于科学技术的不发达，人们无法认知生命的奥秘和真谛。许多可贵的生命，被病魔夺走，许多幼小的生命，不幸夭折。

今天，随着科学技术的不断进步，随着影像学的发展，人们越来越了解自己，了解生命的奥秘。许多疾病已经不再可怕，即使是脑子，我们想看也能看见。

我们可以不用做手术就能给自己的身体做个全面的检查，即使是骨头缝有点小毛病，你也能看得一清二楚。这是多么美好的科技，人们宝贵的生命在这种技术下，得以保存。

成像技术为我们打开了生命之门!

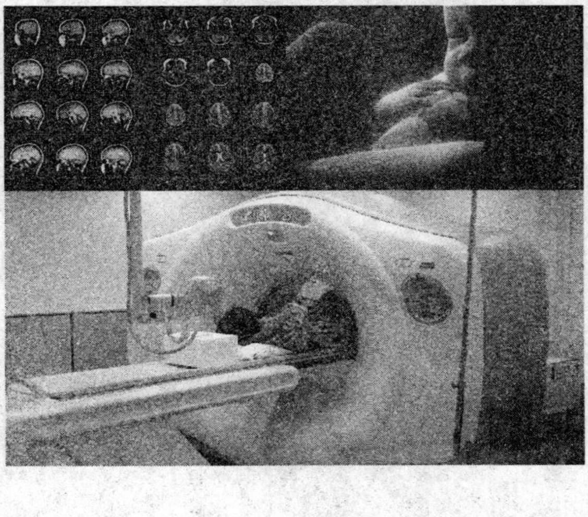

声音也能成像
——超声波成像技术

20 世纪初，物理学家朗之万（Langevin）首次研制成了石英晶体超声发生器，20 世纪 40 年代人们开始进行超声医学应用的研究。几十年来超声的发展和应用以其非电离辐射的独到之处、对软组织鉴别力较高的优势、仪器使用方便、价格便宜等特点，成为医学成像中颇具生命力而不可替代的现代诊断技术。

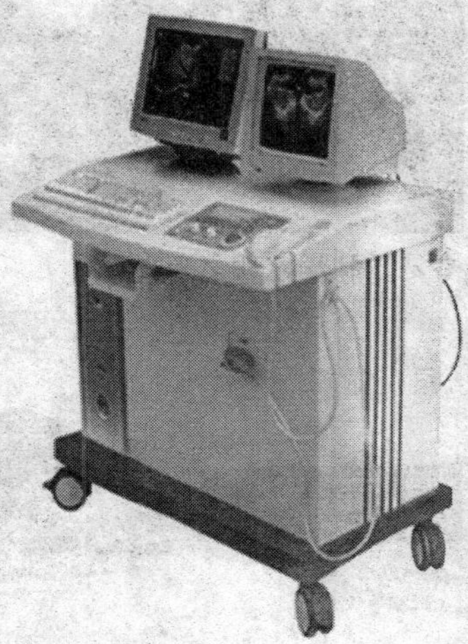

◆M 型超声

超声波的医学应用

超声波在人体内传播时，在两种不同组织的界面处会产生反射和折射，在同一组织内传播时，由于人体组织的不均匀性而发生散射。超声通过不同器官和组织产生不同的反射与散射规律，仪器利用这些反射和散射信号，显示出脏器的界面和组织内部的细微结构，作为诊断的依据。

名人介绍——伟大的朗之万

朗之万，1872 年 1 月 23 日出生于巴黎一个工人家庭。从小对学习就有浓厚的兴趣，其母对他的这种爱好积极保护，热情鼓励。朗之万开始上小学时就表现出他的卓越才能，小学毕业后，他又到拉瓦锡中学学习。1888 年，他以第一名的成绩考入巴黎物理和化学工业学校，在该校学习时，皮埃尔·居里对他的影响

◆法国科学家朗之万

◆卡文迪许实验室

较深。在拉瓦锡中学和巴黎物理化学工业学校学习期间，朗之万始终是班上学习最优的学生。1891年毕业后，他为了进一步充实自己，又在巴黎大学学习了一些课程，同时还自学了拉丁语。1893年，朗之万又以第一名的成绩考入法国高等师范学校，在该校学习期间，他不但听了法国物理学家M·布里渊的讲课，同时还和佩兰做过阴极射线的实验研究，这两位物理学家对朗之万迈入科学殿堂都产生了积极影响。由于毕业成绩优异，1897年，朗之万被送往英国剑桥大学卡文迪许实验室学习了一年，在此不仅得到J·J·汤姆逊的指导，而且还结识了卢瑟福、威尔逊等优秀科学人才，从此他们长期保持友好关系并共同为物理学的发展做出了贡献。

朗之万以对次级X射线、气体中离子的性质、气体分子动理论、磁性理论以及相对论方面的研究著称。1905年提出关于磁性的理论，用基元磁体的概念对物质的顺磁性和抗磁性作了经典的说明。在世界大战期间，为了探测潜艇，利用石英的压电振动获得了水中的超声波。

超声波的临床医学诊断技术可以分为两大类，即基于回波扫描的超声探测技术和基于多普勒效应的超声诊断技术。基于回波扫描的超声探测技术基本原理是利用超声波在不同组织中产生的反射和散射回波形成的图像或信号来鉴别和诊断疾病。这种技术主要是用于解剖学范畴的检测，以了解器官的组织形态学方面的状况和变化。基于多普勒效应的超声诊断技术基本原理是利用运动物体散射或反射声波时造成的频率偏移现象来获得人体内部的运动信息。这种技术主要是用于了解组织器官的功能状况和血流动力学方面的生理病理状况，如观测血流状态、心脏的运动状态和血管是否栓塞等。

A 型超声检查

超声诊断起源于 20 世纪 40 年代，50 年代初期，A 型超声诊断法应用于临床，从此开始了医学超声影像的大发展。A 型超声以波形来显示组织特征，它对回波实施幅度调制，即回波的脉冲大小决定显示器中脉冲的幅度。显示方法是在荧光屏上出现脉冲波形，脉冲的幅度代表反射回波的强度，脉冲的位置或脉冲之间的距离正比于反射界面的位置或界面之间的距离。A 型超声可用来鉴别病变组织的一些物理特性，如实质性、液体或是气体是否存在等，现在已被淘汰。

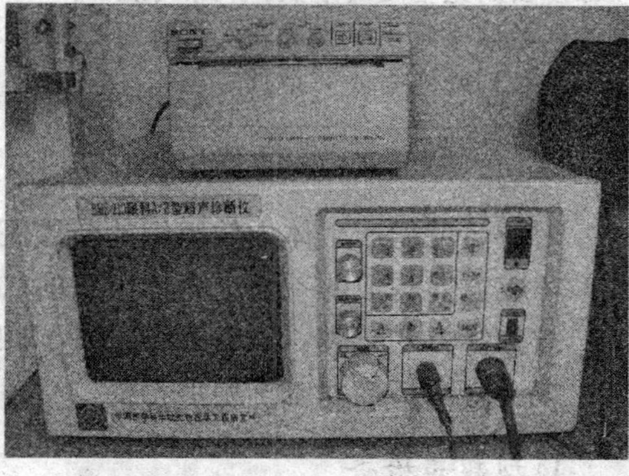
◆ A 型超声

M 型超声检查

20 世纪 60 年代超声波应用于腹内器官。1954 年英奇·埃德勒和赫尔穆特·赫兹发明了超声心动图，应用 M 型超声显示运动的心壁。M 型超声是用于观察活动界面时间变化的一种方法，最适用于检查心脏的活动情况。其曲线的动态改变称为超声心动图，可以用来观察心脏各层结构的位置、活动状态、结构的状况等，多用于辅助心脏及大血管疾病的诊断。

B 型超声检查

B 型超声自从 1967 年首次出现至今，因其诊断功能强、技术先进，已经成为临床中最常规和重要的诊断仪器。B 超与 M 超一样，都是辉度调制式仪器。但两者也有不同。M 超的探

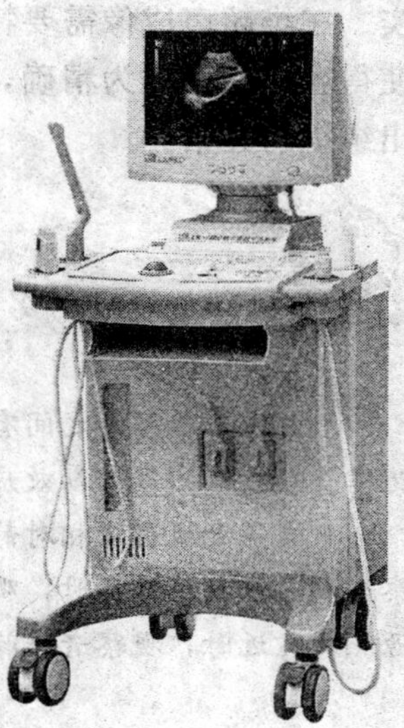
◆彩色 D 型超声

> 波源的频率等于单位时间内波源发出的完全波的个数；观察者接收到的频率等于观察者在单位时间内接收到的完全波的个数。

头是固定不变的，而B超的探头是连续移动的，或是发射的超声波束不断变动发射方向。M超显示的是组织边界的超声心动图像，如果使显示器上图迹的位置和病人体内某个二维平面中产生回波的结构位置一一对应，就能产生体内软组织的断层图像。而B超显示的正是探头移动线和声束方向构成的平面上人体组织的二维断层图像，即超声影像图。

按扫描方式分类，B超已经发展了四代，包括手动直线扫描、机械扫描、电子直线扫描和电子扇形扫描。

D型超声检查

D型超声采用多普勒效应原理设计，也称多普勒超声。利用多功能彩色多普勒可获得头部、颈部、心脏、腹部、胎儿等的二维图像；利用多普勒超声听诊能够早期听取胎心、胎动及进行胎心的监测等；彩色多普勒超声可显示血流的向背方向，目前，超声频谱多普勒探测血流的研究工作已取得很大的成就。计算机技术的发展已使三维超声成像成为现实。三维超声成像需要特殊的探头和软件以收集并产生图像，三维图像使得容积测量更为精确，诊断更为精细、准确，医生可以很容易地诊断出组织的异常。

广角镜——多普勒效应

当波源与观察者之间有相对运动时，观察者会感到频率发生变化的现象，称为多普勒效应。多普勒效应是在波源与观察者之间有相对运动时产生的现象。

当波源和观察者相对静止时，观察者接收到波的频率等于波源的频率。当观察者和波源相对远离时，观察者接收的频率小于波源的实际频率；当观察者和波源相对靠近时，观察者接收的频率大于波源的实际频率。

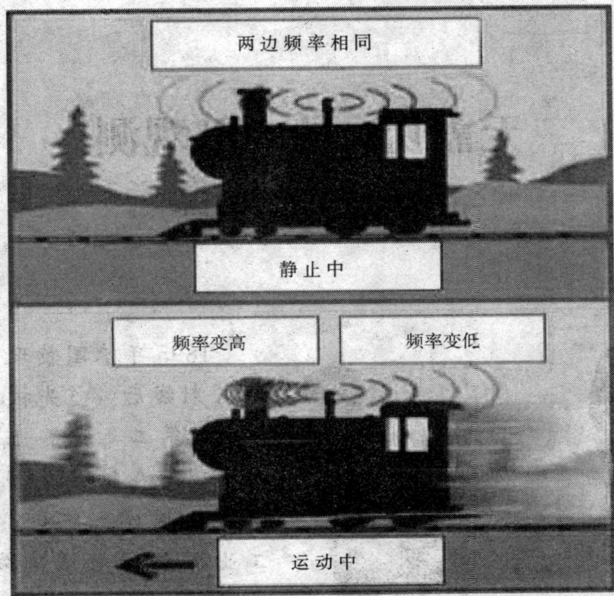

◆多普勒效应

拓展思考

1. 什么是超声波?
2. 超声波有哪些应用?
3. 医学的超声应用有哪些类型?
4. 什么是多普勒效应?

无需切口的内部观测——X光成像

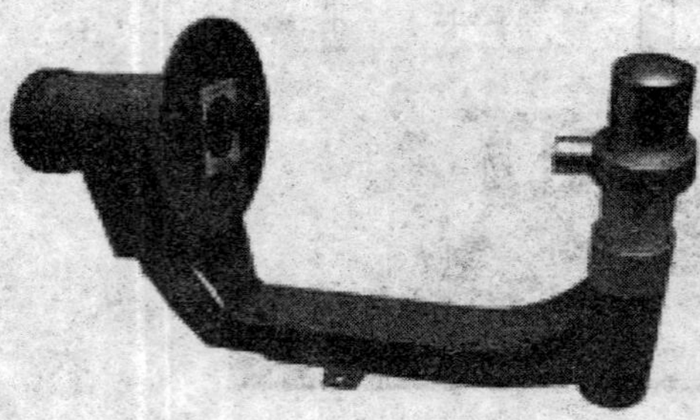
◆医用便携式X光机

1895年德国物理学家伦琴发现X射线后，首先被用到医学诊断上，第二年就提出了用于治疗的设想。在这100多年当中，X射线在医学、安检、无损检测、工业探伤等领域中发挥了巨大作用。

X光成像技术

◆拉塞尔·雷诺兹制成世界上最古老的X光机之一

传统地讲，X线检查就是透视和拍片。透视有胸部透视、腹部透视等，由于其检查完毕不能留下任何可供医学诊治的充足证据，加之其清晰度欠佳，因此，随着循证医学的开展，透视已逐步淘汰。目前用透视主要是为了动态观察，如：心脏、大血管，以及病灶与肺部之间的关系；特别是在消化道检查中发挥重要作用，如：上消化道钡餐和钡灌肠，看看胃肠道的蠕动情况。拍片和透视就不一样了，其清晰度要比透视高，

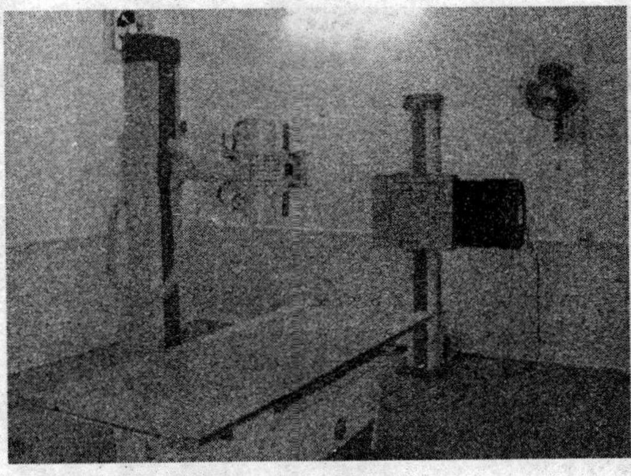
◈数字化X线摄像系统

可以对从头到脚的骨骼进行拍摄，看看它有否骨折、炎症、结核等；也有个别的是为了看看骨龄怎样，还能长多高，是否适合做运动员。这里面有头颅正侧位片、四肢正侧位片、颈胸腰椎正侧位片等等。

X线之所以能使人体在荧屏上或胶片上形成影像，一方面是基于X线的特性，即其穿透性、荧光效应和摄影效应；另一方面是基于人体组织有密度和厚度的差别。由于存在这种差别，当X线透过人体各种不同组织结构时，它被吸收的程度不同，所以到达荧屏或胶片上的X线量有差异。这样，在荧屏上就形成黑白对比不同的影像。

因此，X线影像的形成，应具备以下两个基本条件：首先，X线应具有一定的穿透力，X线能穿透一般可见光所不能穿透的物质，包括人体在内；第二，被穿透的组织结构，必须

存在着密度和厚度的差异，这样，在穿透过程中被吸收后剩余下来的X线量，才会有差别。

广角镜——另类照片

下图是英国艺术家X光专家尼克·维希利用一台大型扫描仪制作的X光照片，让我们从另一个角度见识了摄影之美妙。

X射线可激发荧光、使气体电离、使感光胶片感光，涂有溴化银的胶片，经X线照射后，可以感光，产生潜影，经显、定影处理，感光的溴化银中的银离子被还原成金属银，并沉淀于胶片的胶膜内。此金属银的微粒，在胶片上呈黑色。而未感光的溴化银，在定影及冲洗过程中，从X线胶片上被洗掉，因而显出胶片片基的透明本色。依金属银沉淀的多少，便产生了黑和白的影像。

◆盒子里的高跟鞋

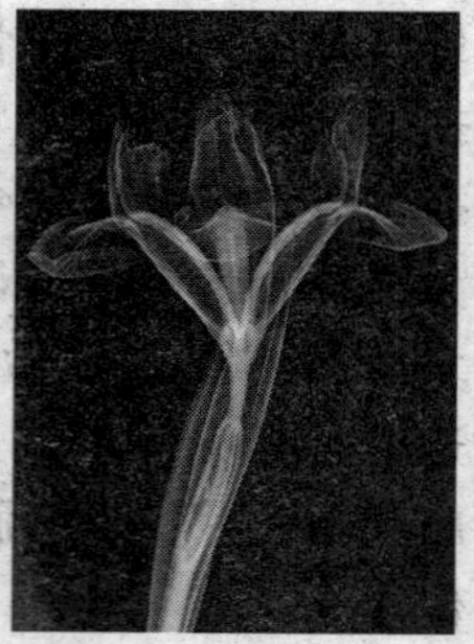

◆鸢尾花

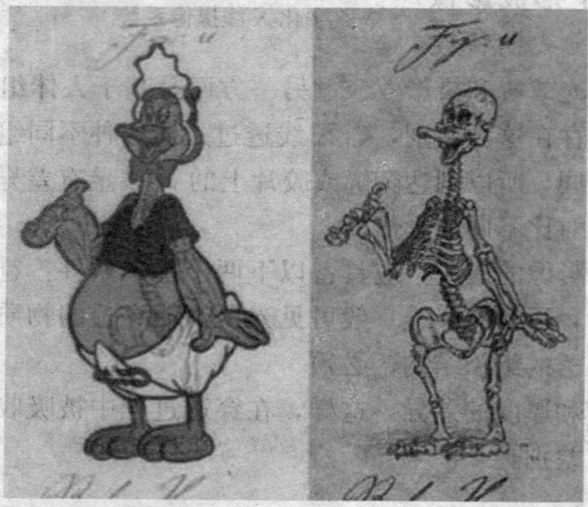

◆被照成 X 光影像的卡通明星

点击——“偷学”本领

X 光透视机大而且笨重，因为 X 光不喜欢弯曲，所以很难操作。我们对包裹和医院患者进行扫描的唯一途径是，用一连串放射物同时轰击它们，这就需要仪器的个头很大。但是，生活在水下 90 多米处的龙虾却具有“X 光视线”，而且性能远远超过我们的 X 光透视机。与人眼不同，龙虾可以直接看到反射的图像，将其聚焦于某一个点，全部在此聚集以后形成图像。科学家多年来就试图“偷学”这种技巧，用于制造新型的 X 光透视机。“龙虾眼 X 光成像仪”（LEXID）是一种便携式“手电筒”，可以看穿 7.62 厘米厚的钢板。这套仪器可以射出一串细细的低功耗 X 光穿透物体，无论碰到什么东西，都会在另一端恢复原状。

神奇的绘画艺术

◆N・C・怀斯画作中藏着的另一幅画，且这幅画是彩色的

◆N・C・怀斯画作《家庭肖像》

X 光成像技术还可用于对画作的鉴定，许多著名艺术家都在他们的原作上另外创作了至少一幅画，新的技术可以无损地揭秘这些名画的更多细节。一种新的 X 光成像技术展示了美国著名艺术家 N・C・怀斯的一幅画中的另一幅画的彩色细节。

这些隐藏的图案印刷在 1919 年《人人杂志》的一篇文章里，是以《最温和礼貌的人》为标题的，描写了一次戏剧性的拳击。之前，科学家已经用X光展示过这件艺术品，这些拳击的场面被另一幅取名为《家庭肖像》的画所覆盖。但是那次展示仅仅是将隐藏的场面用黑白的形式表现出来，那时科学家也不知道那些隐藏的画面实际上是彩色的。

美国特拉华州的温特图尔博物馆资深科学家詹妮弗和她的同事们用强烈的X光束照射这幅画，并使用了称为聚焦透视的荧光显微镜。接着，仪器就搜集到了画上不同的天然颜料不同化学元素所发出的X光。每种元素都发出了特定强度的X光。这些元素被用来做颜料，研究者可以将这些X光转换成相应的颜色。结果表明这幅画完全是用彩色的方式创作的。

许多著名的艺术家都会重复使用他们的画布，有些时候会在一幅著名画作上覆盖另一幅画作，以节约开销或者是达到艺术创作的目的——让一幅画作的颜色和形态影响到另一幅画作。比如，文森特·梵高就曾经在他的一块画布中画了超过三次。实际上，被称为X光线照相术的技术就揭开了梵高画作《一块绿草地》下的女性肖像画。

拓展思考

1. X光检查可检查哪些项目？
2. X光影像的形成应具备哪些条件？
3. 简述X光对绘画艺术的作用。

X光检查的进化
——CT成像

CT (Computed Tomography) 又称为计算机X光断层扫描，是计算机控制、X光成像、电子机械技术与数学相结合的产物。CT是从X光机发展而来的，它显著地改善了X光检查的分辨能力，其分辨率和定性诊断准确率大大高于一般X光机，从而开拓了X光检查的适应范围，大幅度地提高了X光诊断的准确率。CT检查简便、安全、无创伤，并能获得高质量的图像，具有很高的临床诊断价值。当今，随着各种相关技术的快速发展，CT的性能越来越好，功能越来越强大，临床应用范围越来越广，可供检查的项目也是越来越多，已成为临床上成熟的、必不可少的影像学检查手段之一。

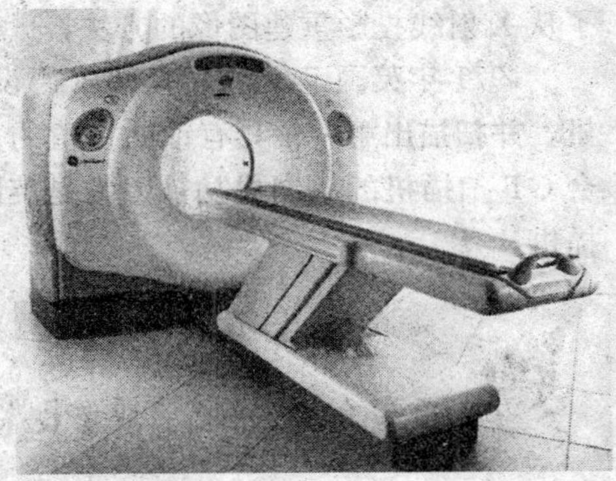
◆64排螺旋CT

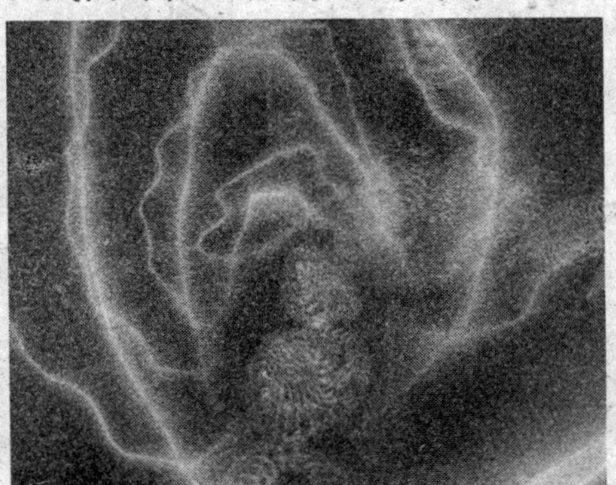
◆CT扫描技术捕捉到的龋蚀牙齿的照片

CT的产生历史

CT是20世纪60年代计算机技术发展的产物，其基本思路基于1917年奥地利数学家J·H·雷登用数学原理证实的、可通过物体的投影集合来重建其图像的方法。1956年，美国的布雷斯韦尔第一次将一系列由不同方向测得的太阳微波发射数据，运用图像重建方法，绘制了太阳微波发射图像。

> CT由X线管、准直器、检测器阵列组件、楔形补偿器、测量电路、ADC及DAC、监视器、计算机系统、图像存储与记录系统组成。

1961年奥尔登多夫用他称为的“旋转—迁移法”实现了图像重建，1963年美国物理学家科马克进一步发展了从X射线投影重建图像的方法。

1971年英国工程师豪森菲尔德设计了一台具有诊断价值的CT扫描机，并扫描出第一幅具有诊断价值的头部CT图像，从而宣告世界上第一台CT扫描机的研制成功，因为是英国EMI公司生产的，故又称EMI扫描机。

原理介绍——CT成像技术

CT基本工作过程：X线——前准直器形成很细的直线射束——人体被检测层面——射出的X线束到达后准直器——检测器，检测器将含有信息的X线转变为相应的电信号——检测电路将电信号放大——模拟数字转换器变为数字信号

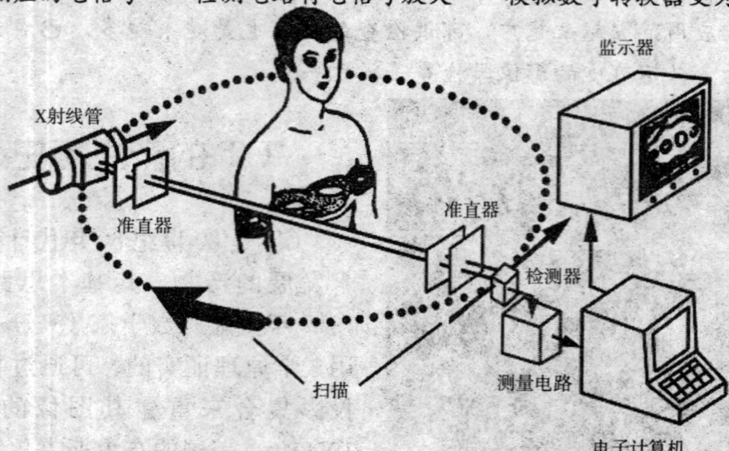

◆CT成像原理图

——计算机处理系统（图像重建）——按监视器扫描制式编码，屏幕上表示出不同灰度，显示人体这一层面上组织密度图像。

1974 年，美国乔治城医学中心的工程师莱德利设计出了全身 CT 扫描仪，使 CT 不仅可用于颅脑，而且还可用于全身各个部位的影像学检查。

CT 的发展与现状

CT 一经问世，便得到了迅速发展，围绕缩短扫描时间、提高图像质量两个方面，相关产品不断更新换代，技术含量不断提高，从而使 CT 的临床应用越来越广、价值越来越大。通常，根据其发展的时序和结构特点，大致分成五代，而发展到螺旋扫描方式的 CT 机后，则不再以代称呼。

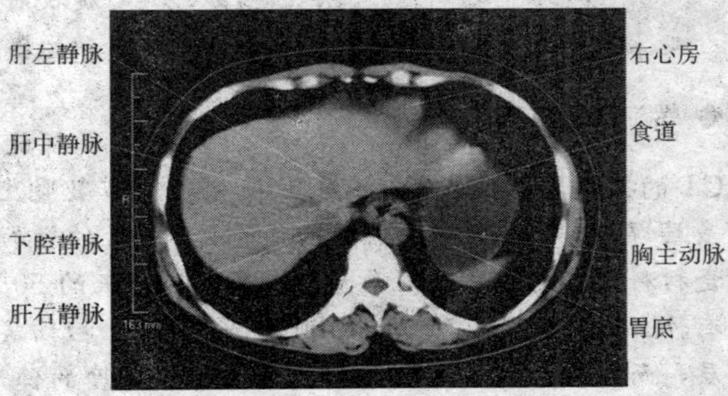

◆腹部 CT 横断面影像

知识库——第五代 CT 扫描方式

第五代 CT 又称电子束扫描，扫描装置由一个特殊制造的大型 X 射线管和静止排列的检测器环组成。这种机构在 50～100 毫秒内能完成 216°的局部扫描。

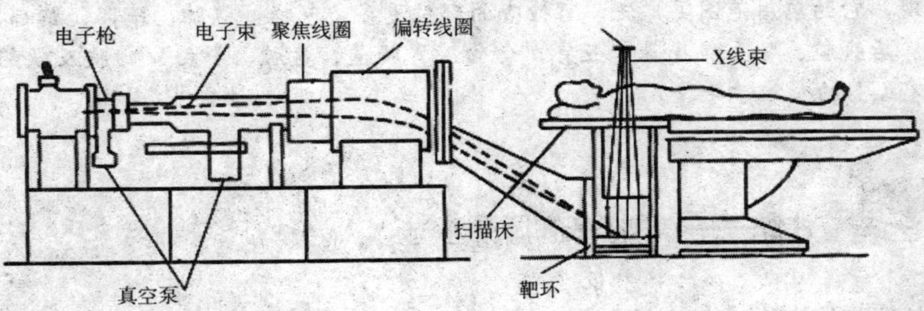

◆第五代 CT 扫描方式示意图

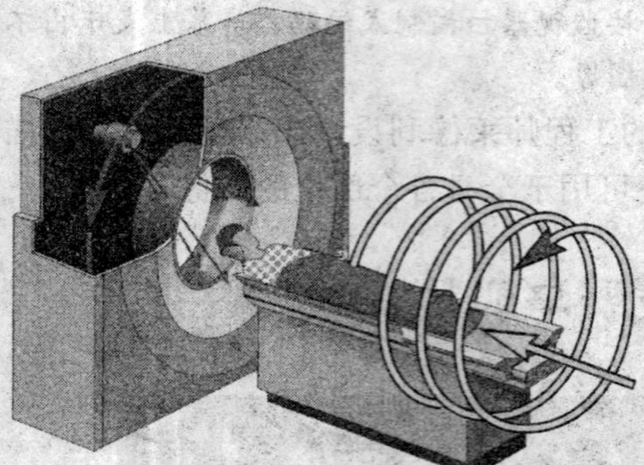

◆ 螺旋锥形束 CT

螺旋CT突破了传统CT的设计，采用滑环技术，将电源电缆和一些信号线与固定机架内不同金属环相连运动的X射线管、探测器滑动电刷与金属环导联。球管和探测器不受电缆长度限制，沿人体长轴连续匀速旋进，扫描床同步匀速递进，扫描轨迹呈螺旋状前进，可快速、不间断地完成容积扫描。

螺旋CT可分为单层螺旋CT、双层螺旋CT和多层螺旋CT。单层螺旋CT的探测器数目与第三代CT机相比没有数量上的增加和材料的改变。但是，多层螺旋CT的探测器不仅在数量上有较大的增加，而且改用了超高速的稀土陶瓷材料，使射线的利用率大大提高，从原来的50%上升到99%。射线束角度没有什么大的改变，同以往的非螺旋CT机。扫描层面在单层螺旋机中仍为每次1层，而在多层螺旋机中X射线束为可调宽度的锤形束，1次扫描最多可达4层、8层、16层、64层甚至更多，扫描时间缩短到0.4秒。多层螺旋CT扫描速度快、覆盖范围大、具有各向同性功能，几乎可以用来做人体所有器官的CT检查。

小贴士——CT的临床应用

CT最早应用于中枢神经系统的检查，由于CT图像分辨率高、定位准确，临床常把CT作为颅脑外伤和新生儿颅脑疾病的首选检查方式。随着螺旋CT的出现，它的应用范围更广泛，可检查的部位更多。包括：颅脑、颈部、胸部、腹部、后腹腔、肾上腺及肾、五官、食管、胃肠道、盆腔、脊椎、四肢及软组织，还有CT的介入学等。

讲解——CT检查的局限性

CT的极限空间分辨率仍未超过常规X射线摄影。CT检查虽然有广泛的适用性，但并非所有疾病都适合做CT检查，如：胃肠道的炎症和溃疡等，CT检查很难发现病变，故还不能取代常规钡餐检查，更不如内窥镜检查。在血管研究方面，CT 血管成像的图像，质量仍不能超越数字减影血管造影（DSA）。CT 检查在脊髓、神经系统方面也明显不如 MRI 检查。由于硬件结构上的限制，CT 只能作横断面扫描，尽管机架能倾斜一定的角度，但基本上也只是倾斜的横断面，而依靠图像后期处理方法产生的其他断面图像，其影像质量则有所降低。随着多层螺旋 CT 多期扫描的广泛应用，过量 X 线对受检者的辐射已引起人们的普遍关注，一些部位可首选无辐射的超声或核磁共振（MRI）检查。

拓展思考

1. 简述 CT 的发展历史。
2. CT 由哪几个部分组成？
3. CT 可用于哪些方面的检查？
4. CT 检查有哪些局限性？

“小”物体“大”运动
——质子的运动

核磁共振成像（NMRI）是利用原子核在磁场中共振所产生信号经重建成像的一种成像技术。核磁共振是一种核物理现象。核磁共振不仅应用于物理学和化学，也应用于临床医学领域。近年来，核磁共振成像技术发展十分迅速，已日臻成熟完善。检查范围基本上覆盖了全身各系统，并在世界范围内推广应用。

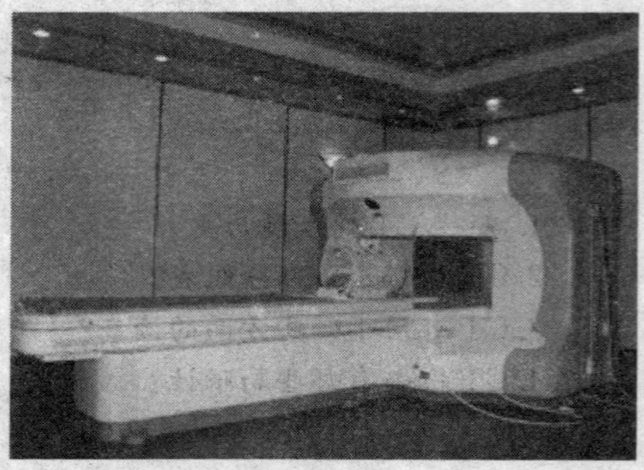
◆磁共振仪器

原子的结构

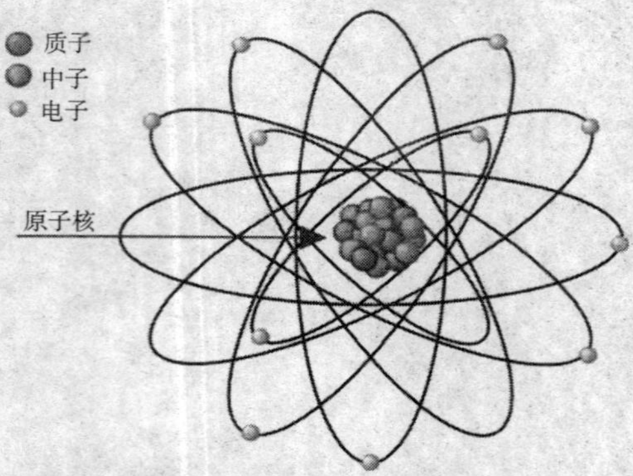

◆原子的核式结构

原子由原子核和核外电子构成，而原子核又分成质子和中子。其中中子不带电，质子带正电。一个质子带一个单位的正电荷，即 $e=1.6\times10^{-19}$ 库仑。所以原子核带正电，带电的多少由核内的质子数来决定。

原子核不停地绕着自身的轴在旋转，即自转。这就像地球的自转，地球自转产生磁场，

◆原子核的自旋

即地磁场，地磁场有N极和S极。N极在地理南极附近，S极在地理北极附近。

带正电的原子核在自旋时，相当于分子电流，也产生磁场，称为核磁。自旋的原子核相当于一个小磁铁，具有自身的南极、北极、磁力和磁矩 μ。磁矩 μ 是矢量，具有大小和方向，μ 的方向与原子核的自旋方向有关，与自旋轴一致。因此以前把磁共振成像称为核磁共振成像（NMRI）。

事实上，并不是所有的原子核都能用于人体的MR成像，我们通常所说的MRI成像指的是氢的一种同位素^{1}H（氢质子）用于人体的MR成像。原因是什么呢？其一，^{1}H占人体的大多数；其二，^{1}H为磁化最高的原子核。目前生物组织的磁共振成像主要是^{1}H成像。

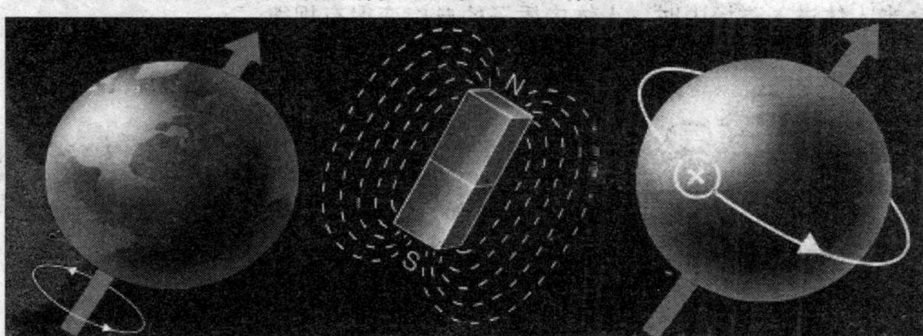

◆地球自转产生磁场，原子核自旋也产生磁场

氢质子的运动特点

人体内有无数个氢质子，每一个自旋的氢质子都相当于一个小磁铁，那人体会不会是一个很大的磁铁呢？

事实上，虽然氢质子自旋产生一个小磁场，但是自然状态下，质子的排列是杂乱无章的，其南、北极的朝向是随机的、瞬间即变的。每一瞬间

不同朝向的磁场相互抵消。所以正常状态下人体并不显示磁性。在人体未进入磁场之前，人体内氢质子的排列方向是任意的。当人体进入磁场 B_0 时，质子的自身磁场被强大的 B_0 规范，质子的磁矩被迫沿着磁场的轴方向进行排列，这种现象称为磁化。

磁化的结果使一部分低能态质子的磁矩 μ 方向与 B_0 方向相同，另一部分高能态质子的磁矩 μ 方向与 B_0 方向相反，而且与 B_0 方向同向排列的质子数略多于反向质子数。由于这两个方向上质子磁矩的能量相互抵消，导致人体组织中的氢质子以纵向磁矩表现出来，并形成纵向磁化。

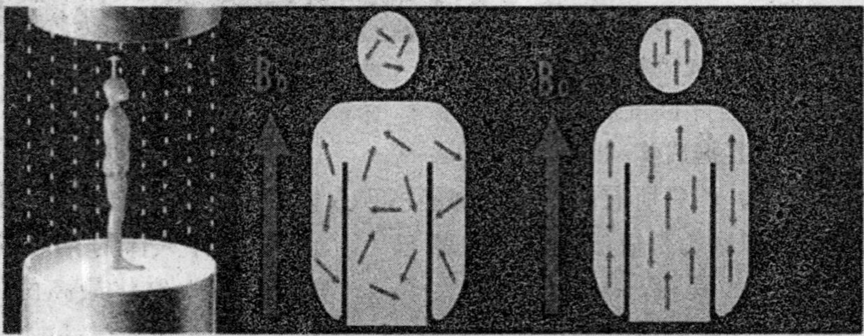

◆当人体进入磁场中时，人体内质子的自旋变得有规律

◆处于高能态太费劲，处于低能态的人多一些

你知道吗？

氢有三种同位素，分别为氕（1H）、氘（2H）、氚（3H）。氕核内没有中子只有1个质子，氘核内有1个中子和1个质子，氚核内有2个中子和1个质子。

知识窗——氢质子的自旋特点

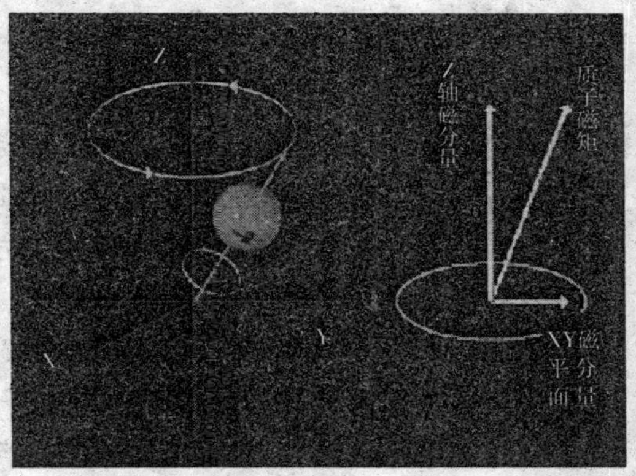

事实上，进入主磁场 B_0 后，无论处于高能级或低能级的质子，其磁化矢量并非完全与主磁场平行。原子核在 B_0 作用下一边自旋，一边又围绕 B_0 方向以一定的角度和角速度旋进，称自旋核的旋进。位于低能级上的核数稍多于位于高能级上的核数，使得磁矩不能完全抵消。

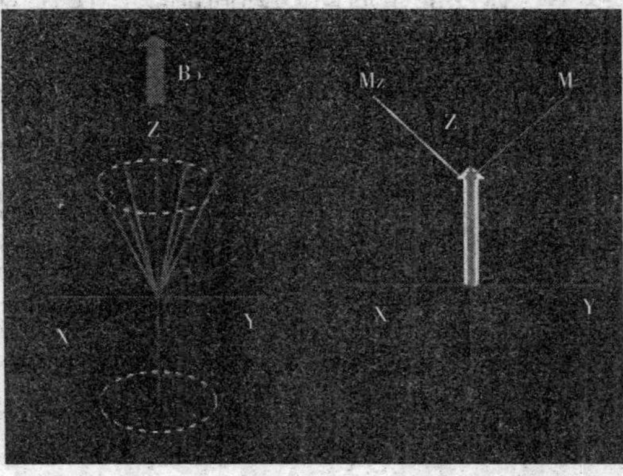

其磁矩矢量叠加，形成一个相应的净宏观磁化矢量 M_0，该磁化矢量与 B_0 方向相同，称为纵磁化矢量 Mz。垂直于 B_0 的方向即横向（XY 平面），尽管质子的自旋轴与 B_0 方向有一定的夹角，每个质子的磁化在横向均有投影分量，但是质子在不停的运动，每个时刻质子的方向相对于某一个横轴的夹角不同，因此横向矢量 Mxy 叠加为零。

射频场的作用

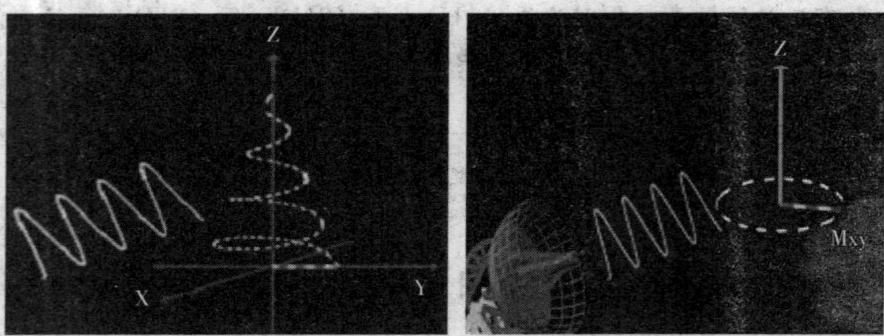

◆共振的产生

磁化矢量 Mz 是成像中有用的磁化矢量，与 B_0 平行叠加于 B_0，但 Mz 不是振荡磁场，无法检测出来，不能直接用于成像。要检测质子的自旋和收集信号，只有在垂直于 B_0 方向上有 Mxy。为检测到特定质子群的净磁化矢量，并用于成像，需使 Mz 偏离 B_0 方向。MRI 中采用 RF 射频脉冲作为激发源。

RF 脉冲是一种电磁波，在 MRI 中仅作短促的发射。MRI 中的射频脉冲必须具备条件：射频脉冲的频率与质子的旋进频率相同（这就像频率相同的音叉发生的共振）。施加 RF 脉冲，产生两个作用：①使低能级质子吸收 RF 脉冲能量后跃迁到高能级，使在 B_0 中排列方向由同向变为反向，抵消相同数目低能级质子的磁力，Mz 变小。②受 RF 脉冲的磁化作用，旋进质子趋向于射频磁场方向变为同步、同速运动，在 XY 平面上叠加起来，形成横向磁化矢量 Mxx，Mxx 继续绕 Z 轴旋进，新的 M_0 偏离了 Z 轴。

Mxy 的旋进，相当于线圈内磁场大小和方向的变化。根据法拉第电磁感应原理，通过闭合回路的磁通量发生变化时，产生感应电压。在线圈两端会感应出交流电动势，这个电动势即为线圈接收到的 MR 信号，该信号同样具有旋进频率。通过在 XY 平面设置接收线圈测定，可得到组织的 MR 信号。

讲解——什么是核磁驰豫?

射频脉冲停止后，在主磁场的作用下，横向磁化矢量逐渐减小到零，纵向磁化矢量从零逐渐回到平衡状态，这个过程称为核磁驰豫。核磁驰豫又可分解为两个部分：纵向驰豫和横向驰豫。纵向驰豫也称为 T_1 弛豫，是指 90 度脉冲关闭后，在主磁场的作用下，纵向磁化矢量开始恢复，直至恢复到平衡状态的过程。横向驰豫也称为 T_2 驰豫，T_2 驰豫就是横向磁化矢量减少的过程。

不同的组织有着不同的质子密度、横向驰豫速度和纵向驰豫速度，获得选定层面中各种组织的 T_1 或 T_2 值，就可获得该层面中包括各种组织影像的图像。

实验——观察音叉的共振现象

如下图所示有 4 个音叉，其中音叉 A 与音叉 C 相同，它们有相同的固有频率。用锤子敲击音叉 A，音叉 A 振动引起声波向前传播。结果会发现右边的音叉中音叉 C 也振动发出声音，这就是声音的共振现象。

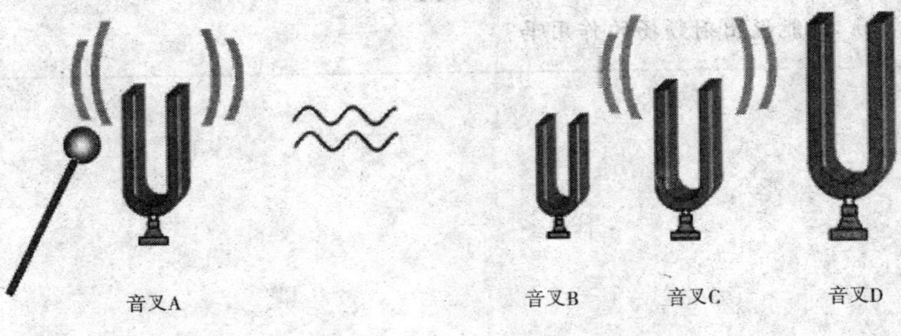

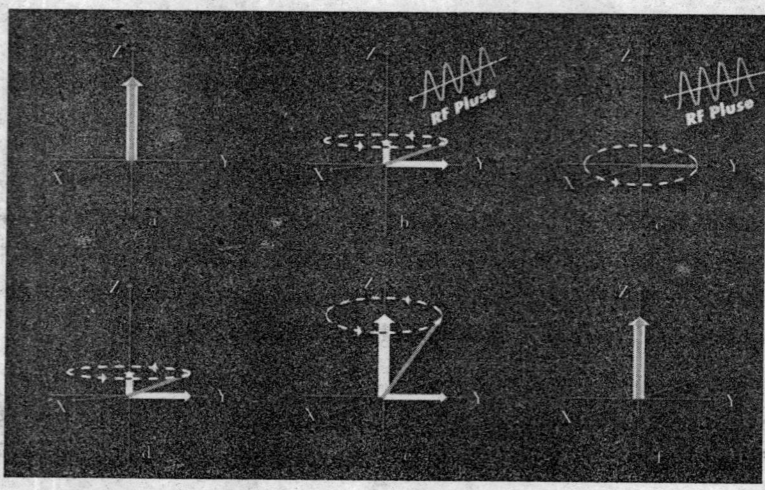

◆ M 的驰豫过程

拓展思考

1. 你能不能描述一下原子的结构?
2. 人体内的氢质子有什么样的运动特点?
3. 氢的三种同位素分别是什么?
4. 用于磁共振成像的是氢的哪种同位素?
5. 你能说出射频场的作用吗?

无电离辐射的医学成像——磁共振

核磁共振的方法与技术作为分析物质的手段，由于其可深入物质内部而不破坏样品，并具有迅速、准确、分辨率高等优点而得以迅速发展和广泛应用，已经从物理学渗透到化学、生物、地质、医疗以及材料等学科，在科研和生产中发挥了巨大作用。在医学成像方面，与X射线或CT相比，它正以自己的优势活跃在当今的舞台上。

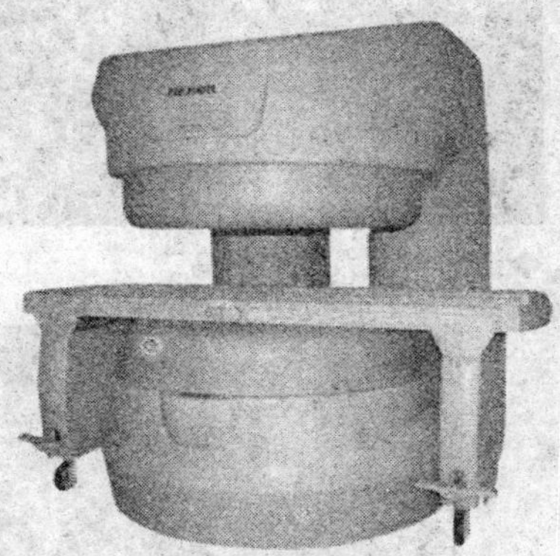

◆开放式永磁 MRI 系统

MRI 发展史

1946年，美国哈佛大学的珀赛尔（E. M. Purcell）和斯坦福大学的布洛赫（F. Bloch）各自领导实验小组独立发现，将具有奇数个核子（包括质子和中子）的原子核置于磁场中，再施加以特定频率的射频场，就会发生原子核吸收射频场能量的现象，这就是人们最初对核磁共振现象的认识。因此珀赛尔和布洛赫共同获得了1952年的诺贝尔物理学奖。核磁共振早期集中在物理和化学方面，用来确定化学成分、分子结构和反应过程。

◆斯坦福大学的布洛赫

1971年美国纽约州立大学的达马丁

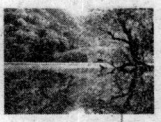

◆纽约州立大学的达马丁

(R. Damadian) 利用磁共振波谱仪对小鼠研究发现，癌变组织的 T_1，T_2 驰豫时间比正常组织长。此结果预示着 MRI 设备在医学诊断中的广阔应用前景。

1973 年美国的保罗·劳特伯 (Paul C. Lauterbur) 发现，通过在物体所在的主磁场中附加一个梯度磁场，用适当的电磁波照射物体，根据物体释放出的电磁波就可以绘制出内部图像，他用这个方法第一次看到了沉浸在重水中的装有普通水的试管的

◆保罗·劳特伯（左）和彼得·曼斯菲尔德（右）分别在接受颁奖

交叉截面。之后英国的彼得·曼斯菲尔德 (Peter Mansfield) 又进一步验证和改进了这种方法，并发现不均匀磁场的快速变化可以使上述方法更快地绘制成物体内部结构图像。因此他们共同分享了 2003 年的生理学和医学诺贝尔奖。

1978年5月28日，英国诺丁汉大学和阿伯丁大学的物理学家们终于获得了第一幅人体头部的磁共振图像。今天，随着超导技术、磁体技术、电子技术、计算机技术和材料科学的进步，MRI技术亦日臻成熟与完善，MRI设备得到飞速的发展。其应用范围也已从头部扩展到全身，从而使我们对许多疑难病变的诊断与鉴别成为可能。

MRI仪器的构造

医用MRI仪通常由主磁体、梯度场、脉冲系统、计算机系统及其他辅助设备等五部分构成。

主磁体是MRI仪最基本的构件，是产生磁场的装置。根据磁场产生的方式可将主磁体分为永磁型和电磁型。永磁型主磁体实际上就是大块磁铁，磁场持续存在，目前绝大多数低场强开放式MRI仪采用永磁型主磁体。电磁型主磁体

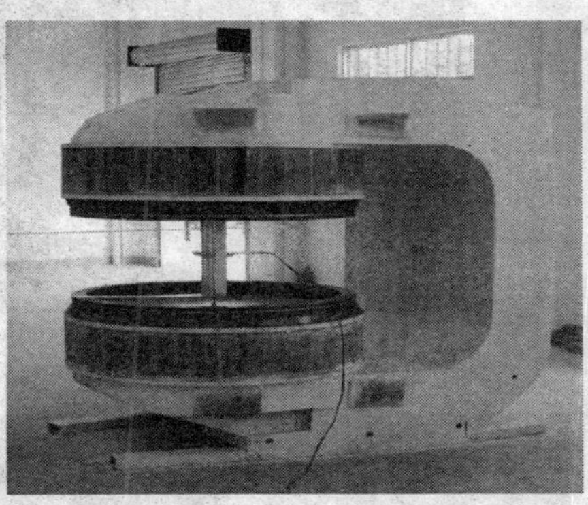

◆0.35特斯拉永磁磁体

是利用导线绕成的线圈，通电后即产生磁场，根据导线材料不同又可将电磁型主磁体分为常导磁体和超导磁体。常导磁体的线圈导线采用普通导电性材料，需要持续通电，目前已经逐渐淘汰；超导磁体的线圈导线采用超导材料制成，置于液氦的超低温环境中，导线内的电阻抗几乎为零。

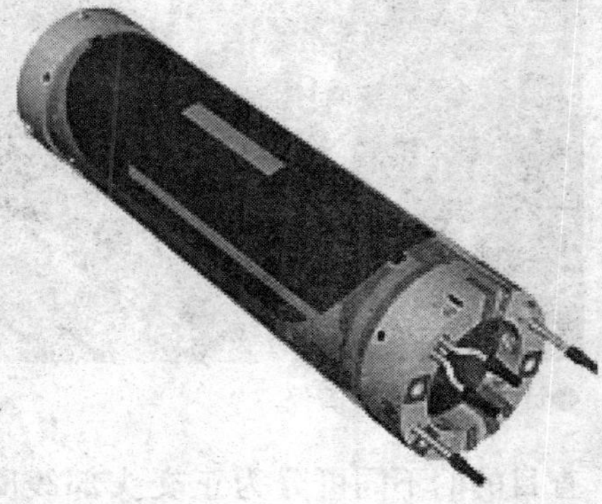

◆梯度线圈

梯度磁场是MRI设备特有的组成部分，其硬件部分位于MRI设备控制柜中。其磁场强度只有主磁场的几百分之一。梯度场有三组线圈，产生X、Y、Z三个方向的梯度场，各线圈组的磁场叠加起来，可得到任意方向的梯度场。

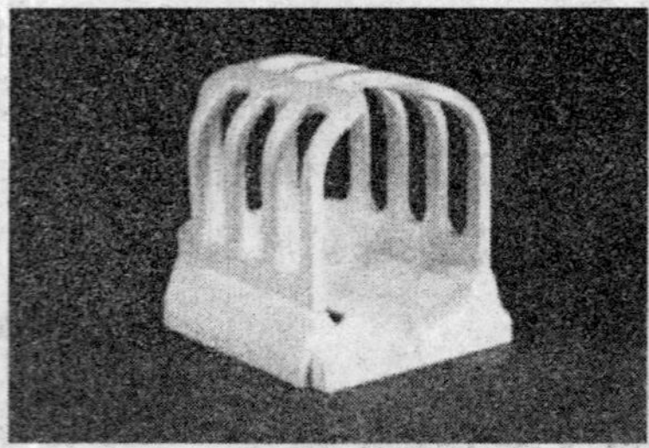
正交头部线圈

柔性线圈

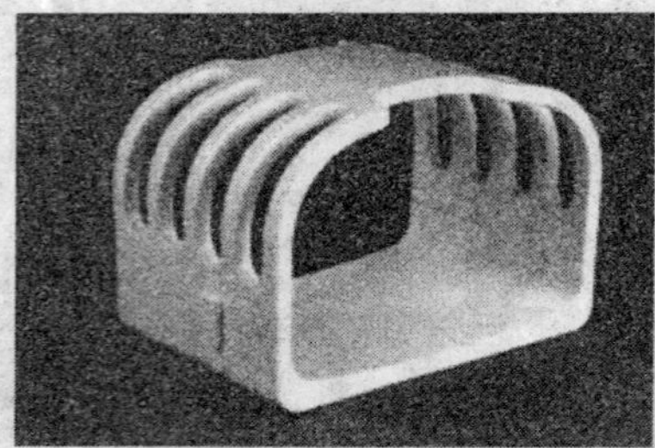
正交胸部线圈

乳腺线圈

◆计算机系统及谱仪

射频系统由脉冲发生器、射频线圈、功率放大器等组成。其中射频线圈是MRI系统的一个重要组成部分，有发射线圈和接收线圈之分。发射线圈发射RF，以激发人体内H原子核发生共振，有如电台发射天线。脉冲停止发射后，人体H原子核变成一个短波发射台，接收线圈成为一台收音机接收MR信号。射频线圈根据结构及检查目的的不同可分为正交头部线圈，正交体部线圈，正交膝、踝关节线圈，表面柔软线圈，以及乳腺、直肠内专用线圈、双下肢阵列线圈等。一般来说，正交线圈用于提供头颅、体部等较深度的磁共振信号，表面柔性线圈多用于局部的MRI检查，而相控阵线圈是由多个表面线圈共同组成，可提供相关部位更精细的MRI检查。在实际工作中我们要根据检查部位的不同、病变范围的大小、检查目的的不同，合理正确地选择射频线圈，从而提高 MRI 检查的图像质量，提高 MRI 检查的诊断符合率，扩大 MRI 检查的应用范围。

◆其他辅助设备

广角镜——MRI 检查的优势与不足

MRI 用于人体检查的优势在于：具有较高的组织对比度和组织分辨力，对脑和软组织分辨率极佳，能清楚地显示软组织、软骨结构，解剖结构和病变形态清楚、逼真；多方位成像，能对被检查部位进行横断面、冠状面、矢状面以及任何斜面成像，且不必变动病人体位；多种特殊成像，如各种血管影像、水成像、脂肪抑制成像；以射频脉冲作为成像的能量源，不使用电离辐射。

MRI 检查的不足之处是：成像速度慢，空间分辨率低，尤其是与 CT 等成像手段相比；对带有心脏起搏器或体内带有铁磁性物质的病人不能进行检查；对质子密度低的结构，如肺、皮质骨显示不佳。

点击——MRI 发展趋势

缩短成像时间，提高图像质量，降低成像费用，更舒适人性化的受检环境；开发研究新的成像参数、温度、压强、导电率、粘滞度、弹性等；开发新的脉冲序列；高温超导材料研究、4K 技术、高灵敏线圈研发等；血管造影技术、心脏电影、介入 MRI 治疗、增强剂技术等。

拓展思考

1. 保罗·劳特伯因为什么贡献而获得诺贝尔奖？
2. 医用 MRI 仪主要由哪几部分构成？
3. MRI 检查的优点和不足分别是什么？
4. 试列出 MRI 发展的趋势？